DILI XINXI
XITONG SHIYA
JIAOCHENG

地理信息系统
实验教程

杨金玲 孙彩敏 编著

哈尔滨工程大学出版社
Harbin Engineering University Press

内容简介

本书是作者在总结多年教学与研究经验的基础上编写完成的。本书由一系列的具体实验操作组成，使学习者循序渐进地掌握地理信息系统(GIS)的基本功能。本书选用现在市场普及率最高的 ArcGIS 软件，依据地理信息系统原理，采用动手练习操作的编排方式，逐一讲解 ArcGIS 操作基础、ArcGIS 的数据采集与组织、空间数据编辑与处理、数据显示与地图编制、空间数据三维分析、空间分析基本原理、GIS 空间分析、拓扑分析、空间分析建模等。读者可通过动手练习和操作的结果理解各项地理空间数据组织和处理的基本原理和功能方法。

本书可作为高等院校地理信息系统、地理学、测绘学等专业学生的教材，亦可供从事地理信息系统、测绘工程工作及相关工作的技术人员学习参考。

图书在版编目(CIP)数据

地理信息系统实验教程/杨金玲,孙彩敏编著. —
哈尔滨:哈尔滨工程大学出版社,2018.12(2020.8 重印)
ISBN 978 - 7 - 5661 - 2070 - 0

Ⅰ.①地… Ⅱ.①杨… ②孙… Ⅲ.①地理信息系统
—实验—高等学校—教材 Ⅳ.①P208 - 33

中国版本图书馆 CIP 数据核字(2018)第 286225 号

选题策划　刘凯元
责任编辑　张忠远
封面设计　博鑫设计

出版发行　哈尔滨工程大学出版社
社　　址　哈尔滨市南岗区南通大街 145 号
邮政编码　150001
发行电话　0451 - 82519328
传　　真　0451 - 82519699
经　　销　新华书店
印　　刷　北京中石油彩色印刷有限责任公司
开　　本　787 mm × 1 092 mm　1/16
印　　张　16.25
字　　数　430 千字
版　　次　2018 年 12 月第 1 版
印　　次　2020 年 8 月第 2 次印刷
定　　价　40.00 元
http://www.hrbeupress.com
E-mail:heupress@ hrbeu.edu.cn

前　言

地理信息系统(Geographic Information System 或 Geo-Information System，GIS)有时又被称为"地学信息系统"。它是一种特定的十分重要的空间信息系统，是在计算机硬、软件系统支持下，对整个或部分地球表层(包括大气层)空间中的有关地理分布的数据进行采集、储存、管理、运算、分析、显示和描述的技术系统。它是一门综合性学科，结合了地理学与地图学，以及遥感和计算机科学，被广泛地应用在不同的领域，是用于输入、存储、查询、分析和显示地理数据的计算机系统。随着 GIS 的发展，也有人称 GIS 为"地理信息科学"(Geographic Information Science)。近年来，GIS 也被称为"地理信息服务"(Geographic Information Service)。GIS 是一种基于计算机的工具，它可以对空间信息进行分析和处理(简而言之，是对地球上存在的现象和发生的事件进行成图和分析)。GIS 技术把地图这种独特的视觉化效果和地理分析功能与一般的数据库操作(例如查询和统计分析等)集成在一起。因此，要运用 GIS 软件解决实际问题，就需要掌握 GIS 实验方法，熟悉并灵活运用 GIS 软件。

目前，市场上商用的 GIS 软件平台产品主要有 SuperMap、MapGIS、MapInfo 和 ArcGIS 四种。其中，SuperMap 和 MapGIS 是国产的 GIS 软件平台，分别由北京超图公司和武汉中地数码公司研制；MapInfo 和 ArcGIS 则是美国产品，分别为 MapInfo 公司和 ESRI 公司所有。本书主要介绍基于 ESRI 公司的 ArcGIS 软件平台的 GIS 实验方法。

本书共分 10 章，具体编写安排如下：第 1 章、第 2 章、第 4 章、第 5 章和第 6 章由杨金玲编写(约 23 万字)，第 3 章、第 7 章、第 8 章、第 9 章和第 10 章由孙彩敏编写(约 20 万字)。全书由杨金玲进行总体设计、组织、审校和定稿。黑龙江工程学院地理信息系统专业学生常宇佳、候继成、罗雨斐、宁泽峰、万振雷、杨威、于航、朱莎莎等参与了本书的编写和整理工作，在此一并表示衷心的感谢。

本书在编写过程中参阅了相关文献，引用了同类书刊中的一些资料，在此谨向有关作者表示衷心的感谢。

由于作者水平有限，书中难免存在不妥之处，敬请读者批评指正。

编著者

2018 年 6 月

目　　录

1

第1章　绪　　论

1.1　地理信息系统概述

1.1.1　地理信息系统的定义

地理信息系统(Geographic Information System,GIS)是在计算机硬、软件系统支持下,对整个或部分地球表层(包括大气层)空间中的有关地理分布的数据进行采集、储存、管理、运算、分析、显示和描述的技术系统。与地图相比,GIS具备的先天优势是将数据的存储与数据的表达进行分离,因此,基于相同的基础数据能够产生各种不同的产品。

不同的部门出于不同的应用目的,对GIS的定义也有所不同。当前对GIS的定义一般有四种观点,即面向数据处理过程的定义、面向工具箱的定义、面向数据库的定义和面向专题应用的定义。Goodchild把GIS定义为"采集、存储、管理、分析和显示有关地理现象信息的综合技术系统";Burrough认为GIS是"属于从现实世界中采集、存储、提取、转换和显示空间数据的一组有力的工具";俄罗斯学者把GIS定义为"一种解决各种复杂的地理相关问题并具有内部联系的工具集合"。面向数据库的定义是在面向工具箱的定义的基础上,更加强调分析工具和数据库间的连接,认为GIS是空间分析方法和数据管理系统的结合。面向专题应用的定义则是在面向数据处理过程的定义的基础上,强调GIS所处理的数据类型,如土地利用GIS、交通GIS等。GIS和其他计算系统一样包括计算机硬件、软件、数据和用户四大要素,只不过GIS中的所有数据都具有地理参照,也就是说,数据通过某个坐标系统与地球表面的特定位置发生联系。

地理信息系统简称GIS,其英文全称多数人认为是Geographic Information System(地理信息系统),也有人认为是Geo-information System(地学信息系统)等。人们对GIS的理解在不断深入,其内涵在不断拓展,"GIS"中"S"的含义包含系统、科学、服务和研究四层意思。

一是系统(System),从技术层面的角度论述地理信息系统,即面向区域、资源、环境等规划、管理和分析,是指处理地理数据的计算机技术系统,但更强调其对地理数据的管理和分析能力。地理信息系统在技术层面意味着构建一个地理信息系统工具,如给现有地理信息系统增加新的功能,或开发一个新的地理信息系统,或利用现有地理信息系统解决一定的问题。一个地理信息系统项目可能包括以下几个阶段:

(1)定义一个问题;

(2)获取软件或硬件;

(3)采集与获取数据;

(4)建立数据库;

(5)实施分析;

(6)解释和展示结果。

这里的地理信息系统技术(Geographic Information Technologies)是指收集与处理地理信

息的技术,包括全球定位系统(Global Positioning System,GPS)、遥感(Remote Sensing,RS)和GIS。从这个含义看,GIS 包含两大任务:一是空间数据处理,二是 GIS 应用开发。

二是科学(Science)。广义上的地理信息系统,常称之为地理信息科学,是一个包含理论和技术的科学体系,意味着研究存在于 GIS 和其他地理信息技术背后的理论与观念(GIScience)。

三是服务(Service)。随着信息技术、互联网技术、计算机技术等的应用和普及,地理信息系统已经从单纯的技术型和研究型逐步向服务型转移,如导航需要催生了导航 GIS 的诞生,著名的搜索引擎 Google 也增加了 Google Earth 功能,GIS 成为人们日常生活中的一部分。当同时论述 GIS 技术、GIS 科学和 GIS 服务时,为避免混淆,一般用 GIS 表示地理信息技术,GIScience 或 GISci 表示地理信息科学,GIService 或 GISer 表示地理信息服务。

四是研究(Studies),即认为 GIS 的全称为 Geographic Information Studies,研究有关地理信息技术引起的社会问题(societal context),如法律问题(legal context)、私人或机密主题、地理信息的经济学问题等。

因此,地理信息系统是一种专门用于采集、存储、管理、分析和表达空间数据的信息系统,它既是表达、模拟现实空间世界和进行空间数据处理分析的"工具",也可看作人们用于解决空间问题的"资源",同时还是一门关于空间信息处理分析的"科学技术"。

1.1.2　地理信息系统的组成

地理信息系统的组成如图 1-1 所示。

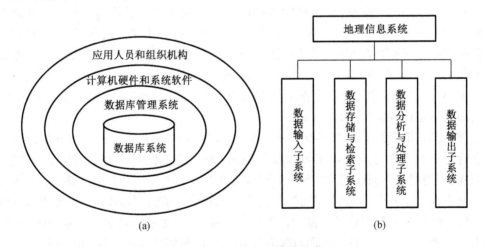

图 1-1　地理信息系统的组成

(a)从系统论和应用的角度出发分类;(b)从数据处理的角度出发分类

1. 从系统论和应用的角度出发分类

从系统论和应用的角度出发,地理信息系统被分为四个子系统,即数据库系统、数据库管理系统、计算机硬件和系统软件、应用人员和组织机构。

(1)数据库系统

数据库系统的功能是完成对数据的存储。数据库系统包括几何(图形)数据库和属性数据库。几何数据库和属性数据库也可以合二为一,即属性数据存在于几何数据中。

（2）数据库管理系统

数据库管理系统是地理信息系统的核心，可以完成对地理数据的输入、处理、管理、分析和输出。

（3）计算机硬件和系统软件

计算机硬件和系统软件是开发、应用地理信息系统的基础。其中，硬件主要包括计算机、打印机、绘图仪、数字化仪、扫描仪，系统软件主要指操作系统。

（4）专业人员和组织机构

专业人员，特别是那些复合人才（既懂专业又熟悉地理信息系统的人才）是地理信息系统成功应用的关键，而强有力的组织是系统运行的保障。

2. 从数据处理的角度出发分类

从数据处理的角度出发，地理信息系统又被分为数据输入子系统、数据存储与检索子系统、数据分析与处理子系统、数据输出子系统。

（1）数据输入子系统

数据输入子系统负责数据的采集、预处理和数据的转换。

（2）数据存储与检索子系统

数据存储与检索子系统负责组织和管理数据库中的数据，以便于数据查询、更新与编辑处理。

（3）数据分析与处理子系统

数据分析与处理子系统负责对数据库中的数据进行计算和分析、处理，如面积计算、储量计算、体积计算、缓冲区分析、空间叠加分析等。

（4）数据输出子系统

数据输出子系统以表格、图形、图像等形式将数据库中的内容和计算、分析结果输出到显示器、绘图纸或透明胶片上。

1.1.3 地理信息系统的功能

地理信息系统具有处理空间或地理信息的各种基础的和高级的功能，其基本功能包括对数据的采集、管理、处理、分析和输出。同时，地理信息系统依托这些基本功能，利用空间分析技术、模型分析技术、网络技术和数据库集成技术等，更进一步演绎丰富相关功能，满足社会和用户的需要。从总体上看，地理信息系统的功能包括数据采集与编辑、数据库管理系统、制图、空间查询与空间分析，以及地形分析。

1. 数据采集与编辑功能

其包括图形数据采集与编辑和属性数据编辑与分析等。

2. 数据库管理系统功能

其包括数据库定义、数据库的建立与维护、数据库操作、通信等。

3. 制图功能

根据 GIS 的数据结构及绘图仪的类型，用户可获得矢量地图或栅格地图。地理信息系统不但可以为用户输出全要素地图，而且可以根据用户需要分层输出各种专题地图，如行政区划图、土壤利用图、道路交通图、等高线图等。地理信息系统还可以通过空间分析得到一些特殊的地学分析用图，如坡度图、坡向图、剖面图等。

4. 空间查询与空间分析功能

其包括拓扑空间查询、缓冲区分析、叠加分析、空间集合分析、地学分析等。

5. 地形分析功能

其包括数字高程模型的建立、地形分析等。

1.1.4 地理信息系统的发展

当前的许多学科都受益于地理信息系统技术。同时,当今活跃的地理信息系统市场导致 GIS 组件的硬件和软件向低成本持续改进。这些发展反过来导致这项技术在科学、政府、企业和产业等方面具有更广泛的应用,包括房地产、公共卫生、犯罪地图、国防、可持续发展、自然资源、景观建筑、考古学、社区规划、运输和物流等。地理信息系统分化出了定位服务(LBS),LBS 是使用 GPS 根据所在地与固定基站的关系用移动设备显示其位置(最近的餐厅、加油站、消防栓等),移动设备(朋友、孩子、一辆警车等)或回传他们的位置到一个中央服务器显示或做其他处理的一种定位服务。随着 GPS 功能与日益强大的移动电子产品(手机、平板电脑、笔记本电脑)的紧密结合,这些基于 GIS 技术的服务将会继续发展。

随着云计算、物联网、移动终端等新技术的快速发展,未来的 GIS 将会朝着普适化 GIS 的方向发展,用户日益多样的需求借助 GIS 和云计算、物联网等新技术将能够得以轻松满足,无论任何人都可以使用,无论在任何地方、无论拿着任何终端都可以访问 GIS 服务,让普通用户都可以通过多种媒介进行访问。

1.2　GIS 空间分析

自从有了地图,人们就自觉或不自觉地进行着各种类型的空间分析,例如在地图上测量地理要素之间的距离、面积,以及利用地图进行战术研究和战略决策等。随着现代科学技术,尤其是计算机技术引入地图学和地理学,地理信息系统开始孕育、发展。以数字形式存在于计算机中的地图,具有更为广阔的应用领域。利用计算机分析地图,获取信息,支持空间决策,成为地理信息系统的重要研究内容,"空间分析"这个词也就成了这一领域的一个术语。

空间分析是 GIS 的核心和灵魂,是 GIS 区别于一般的信息系统、CAD(Computer Aided Design,计算机辅助设计)或者电子地图系统的主要标志之一。空间分析,配合空间数据的属性信息,能提供强大、丰富的空间数据查询功能。因此,空间分析在 GIS 中的地位不言而喻。

空间分析是为了解决地理空间问题而进行的数据分析与数据挖掘,是从 GIS 目标之间的空间关系中获取派生的信息和新的知识的过程,是从一个或多个空间数据图层中获取信息的过程。空间分析通过地理计算和空间表达挖掘潜在的空间信息,其本质包括:探测空间数据中的模式;研究数据间的关系并建立空间数据模型;使空间数据更为直观,表达出其潜在含义;提高对地理空间事件的预测和控制能力。

空间分析主要通过对空间数据和空间模型的联合分析来挖掘空间目标的潜在信息。这些空间目标的基本信息,无非是其空间位置、分布、形态、距离、方位、拓扑关系等。其中,距离、方位、拓扑关系组成了空间目标的空间关系,它是地理实体之间的空间特性,可以作为数据组织、查询、分析和推理的基础。通过将地理空间目标划分为点、线、面 3 种不同的类型,可以获得这些不同类型空间目标的形态结构。将空间目标的空间数据和属性数据结合起来,可以进行许多特定任务的空间计算与分析。

GIS 中常用的空间分析方法主要有空间信息量算、空间信息分类、缓冲区分析、叠加分析、网络分析,以及空间统计分析。

1.3　GIS 软件概述

1.3.1　MapGIS 软件平台

MapGIS 是中地数码集团的产品,是中国具有完全自主知识产权的地理信息系统,是全球唯一的搭建式 GIS 数据中心集成开发平台,实现了遥感处理与 GIS 的完全融合,是支持空中、地上、地表、地下全空间真三维一体化的 GIS 开发平台。

MapGIS 采用面向服务的设计思想和多层体系结构,实现了面向空间实体及其关系的数据组织、高效海量空间数据的存储与索引、大尺度多维动态空间信息数据库、三维实体建模和分析,具有 TB 级空间数据处理能力,可以支持局域和广域网络环境下空间数据的分布式计算,支持分布式空间信息分发与共享、网络化空间信息服务,能够支持海量、分布式的国家空间基础设施建设。

1. 体系框架

MapGIS 的体系框架包括开发平台、工具产品和解决方案。

(1)开发平台包括服务器开发平台(DC Server)、遥感处理开发平台(RSP)、三维 GIS 开发平台(TDE)、互联网 GIS 服务开发平台(IG Server)、嵌入式开发平台(EMS)、数据中心集成开发平台和智慧行业集成开发平台,供合作伙伴进行专业领域应用开发。

(2)工具产品覆盖各行各业,包括矢量数据处理工具产品、遥感数据处理工具产品、国土工具产品、市政工具产品、三维 GIS 工具产品、房产工具产品和嵌入式工具产品。

(3)解决方案是包括开发平台、需求文档、设计文档、使用文档的一款集成化服务。MapGIS 在三维 GIS/遥感、数字城市/数字市政、国土/农林、通信/广电/邮政领域都有应用,同时在 WebGIS、"金盾二期"PGIS、森林防火、房地产信息管理、质量监督等行业也有相应的应用解决方案。

2. 系统功能

(1)图库管理

①图库操作:提供建立图库、修改、删除及图库漫游等一系列操作。

②图幅操作:提供图幅输入、显示、修改、删除等功能,用户可随时调用、存取、显示、查询任意图幅。

③图幅剪取:用户可以任意构造剪取框,系统自动剪取框内的各幅图件,并生成新图件。

④小比例尺图库及非矩形图幅建库管理:提供图幅拼接、建库及跨带拼接等功能。

⑤图幅配准:提供平移变换、比例变换、旋转变换和控制点变换等功能。

⑥图幅接边:可对图幅帧进行分幅、合幅并进行图幅的自动、半自动及手动接边操作,自动清除接合误差。

⑦图幅提取:对分层、分类存放的图形数据,可按照不同的层号或类别,根据用户相应

的图幅信息,合并生成新的图件。

(2)数据库管理

①客户端/服务器结构:使用空间数据库引擎在标准关系数据库环境中实现了客户端/服务器结构,允许多用户同时访问,支持多硬件网络服务器平台,支持超大型关系数据库管理空间和属性数据,支持分布式服务器网络体系结构。

②动态外挂数据库的连接:可实现一图对多库,多图对一库应用要求。

③多媒体属性库管理:可将图像、录像、文字、声音等多媒体数据作为图元的属性存放,以适应各种应用需要。

④开放式系统标准:支持运用 TCP/IP 协议的 LAN 和 WAN 环境的访问,支持 LNUIX 和 PC 平台混合配置。

⑤完善的安全机制:保证用户对数据库的访问权限,在单个图元记录及空间范围层面上支持共享和独占的锁定机制。

(3)折叠分析工具

①空间叠加分析:提供区对区叠加分析、线对区叠加分析、点对区叠加分析、区对点叠加分析、点对线叠加分析、BUFFER 分析等。

②属性数据分析:支持单属性累计频率直方图和分类统计,以及双属性累计直方图、累计频率直方图和四则运算等操作。

③地表模型和地形分析:能进行坡度、坡向分析,分水岭分析,流域分析,土方填挖计算,地表长度计算,剖面图制作及根据地形提取水系,自动确定山脊线、等高线等。

④网格化功能:能对离散的、随机采样的高程数据点进行网格化,对规则格网高程数据进行加密内插处理。

⑤TIN 模型分析:可对平面任意域内离散点构建三角网,并提供三角网的约束边界,对特征约束线进行优化处理。

⑥三维绘制功能:可对 Grd、Tin 模型数据完成三维光照绘制,实现三维景观的多角度实时观察,并提供三维地表模型模拟飞行功能、三维彩色立体图绘制功能。

(4)折叠分析功能

①最短路径求解:可指定若干地点,求顺序经过这些地点的最短路径。

②游历方案求解:可求取遍历网线集合或结点集合的最佳方案。

③上下游追踪:可查找网络中与某一地点联系的上游部分或下游部分。

④最佳路径:可任意指定网线和结点处的权值,求取权值最小的路径。

⑤空间定位:可为用户规划各类服务设置的最佳位置。

⑥资源分配:可模拟资源在网络中的流动,求取最佳的分配方案。

⑦关阀搜索:可由用户指定爆管处,求取所有需关闭的阀门。

(5)折叠分析与处理

①多波段遥感图像处理。

②正态分布统计、多元统计。

③图像配准镶嵌,图像与图形迭合配准。

(6)方便的二次开发

①开放性:支持 VC ++、VB、Delphi、ActiveX 等集成开发环境。

②多层次:API 函数层、C ++类层、ActiveX 控件层。

3. 功能特点

MapGIS 具有以下特点。

（1）采用分布式跨平台的多层多级体系结构，采用面向服务的设计思想。

（2）具有面向地理实体的空间数据模型，可描述任意复杂度的空间特征和非空间特征，可完全表达空间、非空间、实体的空间共生性、多重性等关系。

（3）具备海量空间数据存储与管理能力，可以进行矢量、栅格、影像、三维四位一体的海量数据存储，拥有高效的空间索引。

（4）采用版本与增量相结合的时空数据处理模型、"元组级基态 + 增量修正法" 的实施方案，可实现单个实体的时态演变。

（5）具备具有版本管理和冲突检测机制的版本与长事务处理机制。MapGIS 基于网络拓扑数据模型的工作流管理与控制引擎可实现业务的灵活调整和定制，解决 GIS 与 OA 的无缝集成。

（6）具有标准自适应的空间元数据管理系统，能实现元数据的采集、存储、建库、查询和共享发布，支持 SRW 协议，具有分布检索能力。

（7）支持三维建模与可视化，能进行海量三维数据的有效存储和管理、三维专业模型的快速建立、三维数据的综合可视化和融合分析。

（8）提供基于 SOAP 和 XML 的空间信息应用服务，遵循 OpenGIS 规范，支持 WMS、WFS、WCS、GLM3，支持互联网和无线互联网，支持各种智能移动终端。

1.3.2 SuperMap 软件平台

北京超图软件股份有限公司是亚洲领先的地理信息系统软件平台企业，主要从事地理信息系统软件的研究、开发、推广和服务，依托中国科学院强大的科研实力，立足技术创新，研制出了新一代地理信息系统软件平台 SuperMap，形成了全系列国产 GIS 软件产品。

1. 体系框架

（1）SuperMap SDX +

其是支持海量空间数据管理的大型空间数据库引擎。

（2）SuperMap Objects . NET

其是基于超图共相式 GIS 内核进行开发的采用 . NET 技术的组件式 GIS 开发平台。超图共相式 GIS 内核采用标准 C ++语言编写，以实现基础的 GIS 功能；在此基础上，SuperMap Objects . NET 组件采用 C ++/CLI 进行封装，是纯 . NET 组件，不是通过 COM 封装或者中间件运行的组件，与通过中间件调用 COM 的方式相比在效率上将有极大的提高。SuperMap Objects . NET 支持所有 . NET 开发语言，如 C#、VB . NET、C ++/CLI 等。

（3）SuperMap Objects Java

其是 SuperMap Objects 家族中的一员，是基于超图共相式 GIS 内核进行开发的采用 Java 技术的组件式 GIS 开发平台。在超图共相式 GIS 内核的基础上，SuperMap Objects Java 组件采用 Java + JNI 的方式构建，是纯 Java 组件，不是通过 COM 封装或者中间件运行的组件，并且由于 Java 代码只负责调用内核功能，与完全采用 Java 语言编写组件或通过中间件调用 COM 相比在效率上将有极大的提高。

（4）SuperMap Deskpro . NET 6R

其是一套运行在桌面端的专业 GIS 软件，是通过 SuperMap Objects . NET 6R、桌面核心

库和 . NET Framework 2.0 构建的插件式 GIS 应用,能够满足用户的不同需求。它是一款可编程、可扩展、可定制的二、三维一体化的桌面 GIS 产品,是超图新一代的桌面 GIS 产品。Deskpro . NET 基于 . NET 框架,采用异常机制,极大地提高了应用系统的稳定性;使用 Ribbon 界面风格取代了传统的菜单工具条模式,不仅美观,而且使功能组织清晰化、直观化;采用"功能就在您手边"的设计理念,提供了丰富的右键菜单和鼠标动作的响应功能,随时随地可以进行想要的操作,软件的易用性强;采用模板化的应用方式,用户可使用自己设计模板及系统提供的模板,提高了工作成果的重用性,提高了工作效率;采用所见即所得的呈现方式,使得用户的操作会实时地得到应用,并且保证用户能在第一时间看到操作的工作成果,方便设计和修改;所有的功能都是以插件的方式实现和提供的,并且应用系统所加载的插件和界面构建都采用配置方式来管理;采用基于产品的基础框架,用户可以对产品进行定制和扩展开发。

(5) SuperMap iServer 6R

其是面向服务式架构的企业级 GIS 产品。该产品通过服务的方式,面向网络客户端提供与专业 GIS 桌面产品功能相同的 GIS 服务;能够管理、发布和无缝聚合多源服务,包括 REST 服务、OGC WS 服务等;支持多种类型客户端访问;支持分布式环境下的数据管理、编辑和分析等 GIS 功能;提供从客户端到服务器端的多层次扩展的面向服务 GIS 的开发框架。

2. 产品特性

SuperMap 采用共相式思想的核心技术,为跨平台提供了基础;采用全面基于 SOA 的架构体系,方便系统集成和扩展;采用开放式服务架构,满足任意层次的开发需求;采用灵活的企业级应用系统部署;采用以服务的方式提供完整的 GIS 功能,允许在权限范围内被广泛访问和使用;采用基于网络的 GIS 服务,允许分布于各地且采用不同技术的资源协同工作;采用松散耦合的服务,允许与其他标准业务系统集成;支持多源服务无缝聚合,便于 GIS 数据和 GIS 功能共享;采用分布式多层次空间服务集群,通过多个 GIS 服务器的资源整合提高服务性能;支持广泛的应用开发环境,如 Java、. NET、AJAX、Flex、Silverlight、html5 等;提供三维服务(数据、制图与分析)发布,支持三维终端,支持二、三维一体化等方面的应用。

1.3.3 ArcGIS 软件平台

ArcGIS 是美国环境地理研究所公司(Environmental System Research Institute, Inc. ,简称 ESRI 公司)集四十余年地理信息系统咨询和研发经验,奉献给用户的一套完整的 GIS 平台产品,具有强大的地图制作、空间数据管理、空间分析、空间信息整合、发布与共享能力。

1. ArcGIS 10 体系结构

ArcGIS 10 是 ESRI 公司开发的 GIS 软件,在 2010 年推出,它设计了一个统一的地理信息平台,在原有的 ArcGIS 9 的数据服务器 ArcSDE 和 4 个基础框架(Dasktop GIS、Server GIS、Embedded GIS 和 Mobile GIS)中添加了 ArcGIS Online 等功能。

(1) Desktop GIS

Desktop GIS 包含 ArcMap、ArcCatalog、ArcToobox 和 ArcGlobe 等用户界面组件,其功能可分为 3 个级别:ArcView、ArcEdior 和 ArcInfo。ArcReader 是一个免费的浏览器组件。其中,ArcView、ArcEditor 和 ArcInfo 是 3 个不同的桌面软件系统,它们共用通用的结构、通用的编码基础、通用的扩展模块和统一的开发环境,功能由简单到复杂。

（2）Server GIS

ArcGIS 10 包括三种服务端产品：ArcSDE、ArcIMS 和 ArcGIS Server。ArcSDE 是管理地理信息的高级空间数据服务器；ArcIMS 是一个可伸缩的通过开放的 Internet 协议进行 GIS 地图、数据和元数据发布的地图服务器；ArcGIS Server 是应用服务器，用于构建中式的企业 GIS 应用，基于 SOAP 的 Web Serveices 和 Web 应用，包括在企业和 Web 构架上建设 Server GIS 应用的共性 GIS 软件对象库。

（3）Embedded GIS（嵌入式 GIS）

在 Embedded GIS 支持方面，ArcGIS 10 提供了应用于 ArcGIS Desktop 应用框架之外的嵌入式 ArcGIS 组件 ArcGIS Engine。在使用 ArcGIS Engine 时，开发者可在 C ++、COM、.NET 和 Java 环境中使用简单的接口获取任意 GIS 功能的组合来构建专门的 GIS 应用解决方案。

（4）Mobile GIS（移动 GIS）

在 Mobile GIS 方面，ArcGIS 10 提供了能实现简单 GIS 操作的 ArcPad 和能实现复杂 GIS 操作的 Mobile ArcGIS Desktop System。ArcPad 为实现简单的移动 GIS 和野外计算提供解决方案。ArcGIS Desktop 和 ArcGIS Engine 集中组建的 Mobile ArcGIS Desktop System 一般在高端平板电脑上执行 GIS 分析决策野外工作任务。

（5）Geodatabase

Geodatabase 是 Geographic Database 的缩写，是一种在专题图层和空间表达中组织 GIS 数据的核心地理信息模型，是一套获取和管理 GIS 数据的全面的应用逻辑和工具。

无论是客户端的应用、服务配置，还是嵌入式的定制开发，都可以运用 Geodatabase 的应用逻辑。Geodatabase 还是一个基于 GIS 和 DBMS 标准的物理数据存储库，可以应用于客户访问、个人 DBMS 及 XML 等。Geodatabase 被设计成一个开放的简单几何图形的存储模型。Geodatabase 对众多的存储机制开放，如 DBMS 存储、文件存储或者 XML 方法存储，并不局限于某个 DBMS 的供应商。

（6）ArcGIS Online

ArcGIS Online 是全球唯一的"云架构"GIS 平台，集中了所有 ArcGIS 的在线资源，其主要资源有以下 4 种。

①ArcGIS Online 地图服务：支持各种类型的底图、专题图。

②ArcGIS Online 任务服务：支持网络上发布的 Geoprocessing（GP）服务。

③ArcGIS 网络地图：支持 Flex、JavaScript、Microsoft Silverlight 的开发环境。

④地图社区：支持用户协同工作平台。

所有在线资源通过 ArcGIS. com 获得，它是实现用户协同工作的网络门户，是在线资源对外的展示窗口。

2. ArcGIS 新特性

ArcGIS 10 全系列产品对 ArcGIS Desktop 的用户界面进行了全新设计，改善了现有功能，并添加了大量新功能。

（1）ArcGIS Desktop 管理

在新的版本中，部署和管理 ArcGIS Desktop 10 变得更加容易：可以借入 ArcGIS Desktop 10 许可，以便在外业工作中临时使用（例如在现场工作时、在家工作时或出差时）；可以通过 Web 借助许可管理器授权许可，不再需要基于硬件钥匙或 MAC 地址从 ESRI 客户服务中心处申请许可文件。

许可管理器在其他方面的功能增强包括：可以将许可管理器安装在系统中的任何位置，可以直接将许可从许可服务器迁移到另一台服务器。

（2）文档

更新后的 ArcGIS 资源中心将所有在线资源（如 ArcGIS 的帮助系统、实例、模板、日志、论坛和技术文章）整合到一处，便于用户访问。

新的版本对产品文档进行了重新组织和全面改善。

①对超过 75% 的帮助文档进行了重新编写和更新。

②按技能体系对所有主题进行了组织。"基础"库中包含 GIS 和 ArcGIS 的核心概念，"专业"库中包含软件功能、用法及更多的高级 GIS 概念，"管理员"库中包含用户在安装软件、管理许可以及管理服务器和数据库时需要的信息。

③ArcGIS 教程在新版本中以帮助主题的形式呈现，而不再提供单独的 PDF。

④安装的帮助文件只占用很少的计算机空间。

（3）数据管理

①地理数据库

ArcGIS 10 版本中地理数据库的新特性主要体现在以下几个方面。

a. 可使用新增的升级地理数据库（Geodatabase）地理处理工具或 Python 脚本来升级个人、文件及所有 ArcSDE 地理数据库。

b. 重构了地理数据库方案，将地理数据库系统表中的信息合并为 6 个表。

c. 创建个人地理数据库（Personal GDB）和创建文件地理数据库（File GDB）工具中添加了新选项，用于支持在 ArcGIS 10 客户端创建较早版本的地理数据库。

d. 新增了 6 种拓扑规则。

e. 简化并重新设计了"新建几何网络"向导。

f. 新增命令按钮以更有效地将要素加载到几何网络中。

g. 可通过在空间数据库中定义一个针对 SQL 空间类型的空间查询语句，创建一个可直接在 ArcMap 中查看和访问的图层（即查询图层）。

h. 单向复本改用存档方式（取代之前的版本管理）来追踪复本的更改。使用存档功能追踪复本更改时不会创建任何系统版本，从而简化了复本的管理。

i. 新增对子→父的单向型复本的支持。这种类型的复本允许用户在子复本中编辑数据，并同步至父复本。

j. 文件地理数据库新增 3 个关键字（ GEOMETRY_OUTOFLINE、BLOB_OUTOFLINE 和 GEOMETRY_AND_BLOB_OUTOFLINE），用于在处理复杂几何和大 Blob 对象的过程中更好地控制要素类的存储，从而使性能得到大大的改善，尤其是在使用 terrain 数据集时。

k. 增强 ArcSDE 管理命令 sdemon 以断开或阻止与地理数据库的直连。

l. ArcGIS Desktop、ArcGIS Engine 及 ArcGIS Server 都包含了创建与 9.2 或 9.3 版地理数据库的直连所需的驱动程序，但是不支持从较早版本的 ArcGIS 客户端连接到 ArcGIS 10 地理数据库。

m. ArcGIS Desktop、ArcReader 及 ArcGIS Server 安装了 Microsoft SQL Server 2008 本地客户端，以支持对 SQL Server 中地理数据库的直连。Microsoft SQL Server 2008 本地客户端也作为一个单独的可执行程序被包括在 ArcGIS Engine 介质中。

n. 可在 Oracle、PostgreSQL 和 SQL Server 中的 ArcSDE 地理数据库中安装新增的 SQL 栅

格类型（ST_Raster）。用户可在 ArcGIS 客户端和 SQL 客户端中使用这种存储类型。

o. 增强了迁移存储地理处理工具以支持栅格数据至 ST_Raster 类型的移动和二进制空间数据至 SQL Server 中几何或地理类型的移动。

p. Oracle 和 PostgreSQL 中的 ST_Geometry 类型支持利用 SQL 或 ArcSDE API 创建的参数圆和椭圆存储。

q. 新增了对通过 ArcSDE API 在 IBM DB2、Oracle 11g、PostgreSQL 及 SQL Server 的地理数据库中使用本地 XML 列的支持，还可以在 DB2、Oracle 及 SQL Server 中的这些本地 XML 列上定义 XML 模式。

r. 增加了对 SQL Server 中地理数据库内的 varbinary（max）和 datetime2 列的支持（datetime2 仅在 SQL Server 2008 中提供）。

②编辑

新版本通过以下方式改善和简化了编辑过程中的用户体验。

a. 重新设计了编辑器工具条。

b. 使用了要素模板，添加新要素变得更加容易，因为要素模板定义了创建要素所需的所有信息。

c. 编辑器工具条和新增的"创建要素"对话框提供对用于构建要素的要素模板和工具的集中访问。

d. 重新设计了捕捉环境，使其更加易于管理。

e. 创建和编辑要素时，新增的微型弹出工具条可用于快速访问编辑工具。

f. 编辑的启动更加容易，而且用户体验得到了改善。可用鼠标右键单击内容列表中的图层或表来启动编辑。此外，启动编辑操作后 ArcMap 遇到错误或包含性能建议时，则会显示问题列表，其中包括有关如何修复这些问题的信息。

g. 重新设计了"属性"对话框、"编辑草图属性"对话框以及其他编辑对话框。例如，"属性"对话框使用图层的字段属性（例如字段别名）来显示要素，并考虑了字段排序和可见性设置。

h. 选择要素及编辑现有要素的折点和线段变得更加容易。可通过在地图上拖出一个选框来选择、添加和移除多个折点。

i. 注记和尺寸注记要素的创建和编辑变得更加容易。

③宗地编辑

ArcGIS 10 中引入了新的宗地编辑器工具条（需要 ArcEditor 或 ArcInfo 级别许可），它取代了之前的 Survey Analyst 地籍编辑器。同时，之前的地籍结构也被新的宗地结构所取代。

宗地结构中包含多个可提高宗地数据库的编辑和维护效率的要素。可利用 ArcCatalog 在任何要素数据集内创建宗地结构。可通过升级宗地结构地理处理工具或 Python 脚本将现有的 9.2 版和 9.3 版的地籍结构升级为宗地结构。

以下是宗地编辑器工具条提供的功能。

a. 宗地编辑器工具条包含一个集成了编辑命令的下拉菜单，以及其他一些新项目，包括方案目录和宗地选项等。

b. 之前版本中随地籍编辑器一起提供的宗地构造工具条已经集成到"宗地详细信息"对话框中。

c. "宗地详细信息"对话框中包括一系列新特性，如【保存并连接】、【构建宗地并连接】

【线串】、【交叉点】和【宗地编辑】快捷菜单。

d.【宗地编辑】快捷菜单包括【方位角】、【距离】、【增量 X,Y】、【正切曲线】、【与线平行】、【与线垂直】和【偏转线】等。

e."宗地详细信息"对话框的"线"选项卡中有一个新列,可用于在创建新宗地时或构造期间为各条线指定不同模板。

f.宗地分割工具允许用户根据特定规则将宗地结构中的现有宗地分割为新的宗地。

g.宗地剩余地产工具可用于将新宗地剪切为宗地结构中的现有宗地。这可以处理只排除较大宗地的一部分的法定描述。

h.宗地编辑器具有一种合并机制,用户可以利用该机制使用其他宗地中的现有属性进行传递,并为生成的合并线指定特定的线类型。

④栅格数据

新版本中栅格数据具有以下新特性。

a.所有栅格数据均使用 GDAL 库。借助 GDAL 支持,ArcGIS 可以读取和写入更多的栅格数据。创建 TIFF 文件时提供了更多的 TIFF 压缩方式。

b.所有的新建金字塔(Pyramid)都保存为 OVR 文件(ERDAS IMAGINE 格式除外)。由于可处理所有支持金字塔的文件格式,OVR 文件的使用更加灵活。此外,OVR 文件的可压缩性使得磁盘空间的占用率大大减小。

c.引入了一种新的栅格数据模型——镶嵌数据集。所有类型的地理数据库(个人、文件和 ArcSDE)均支持镶嵌数据集。要使用 ArcGIS Server 提供镶嵌数据集,需要影像扩展模块许可。

d.可对镶嵌数据集执行动态处理,也可对栅格数据集图层执行动态处理(仅限某些情况下)。这些新增功能可以链在一起,从而提供对镶嵌数据集或栅格数据集图层的多重处理。

e.新增了栅格数据地理处理工具,包括分割栅格工具和递归金字塔和统计值工具。

f.地理处理工具中的"栅格存储"选项新增两个环境设置参数:"金字塔压缩类型"和"更多的 TIFF 压缩类型"。

g.可在"唯一值渲染器"对话框内创建自定义配色方案并保存至 CLR 文件。随后可将其与添加色彩映射表地理处理工具结合使用,将配色方案添加到栅格数据集中。

h.拉伸渲染器新增高级标注选项,用户可以指定要在色带上显示的值。此外,还可以在每个指定的值之间设置高级色带。

i."栅格选项"对话框中包含"栅格数据集""栅格目录""栅格图层"和"镶嵌数据集"4个选项卡。

j.新增"影像分析"可停靠窗口,可用于快速执行诸多显示和栅格处理任务。可通过【窗口】菜单中的【影像分析】命令将其添加到 ArcMap 中。该窗口整合了 ArcMap 中的许多显示选项(对比度、亮度、透明度、Gamma 拉伸、动态范围调整、忽略背景值、像底点向上、对比度拉伸、显示重采样方法、缩放至栅格分辨率、卷帘图层和闪烁图层),从而对这些选项进行快速访问。

k.新增"色彩校正"选项卡,为栅格目录附加了色彩校正选项。可用参数包括"预拉伸""更多的色彩平衡方法""指定色彩平衡目标表面类型的功能""指定色彩平衡参考目标图像的功能"。

l. 新增"镶嵌色彩校正"窗口帮助用户执行镶嵌数据集的色彩校正。对镶嵌数据集进行色彩平衡的选项包括"排除区域",该选项对难以进行色彩平衡的区域尤为有用,例如水体或云。

⑤表和属性

a. 新增"表"窗口,可显示所有打开的属性表。单击某个特定表所对应的选项卡即可将该表激活。拖动选项卡形式的表并将其停靠在"表"窗口中可同时查看多个表。

b."表"窗口中包括一个工具条,用于与属性和地图进行交互。

c. 可在创建连接之前通过验证连接字段的名称和值并确定成功连接的记录数验证该连接。

d. 字段计算器功能有所增强,可在其中使用 Python 脚本。

e.【表选项】菜单中新增用于将表中的字段顺序恢复为其原始顺序的命令。

f. 要素支持文件附件,从而提供了一种灵活的方式来存储与要素有关的任意格式的附加信息。例如,如果有一个表示建筑物的要素,则可以使用附件来添加多张从不同角度拍摄的建筑物照片以及包含建筑物契税信息的 PDF 文件。

g."字段属性"和"图层属性"对话框中新增了用于高亮显示字段和指定字段为只读的选项。

h."图层属性"对话框的"字段"选项卡可以使用户更好地控制字段在整个桌面应用程序中的显示方式,包括字段排序、字段高亮显示,以及将字段设置为只读。

i."图层属性"对话框的"显示"选项卡中新增的显示表达式属性取代了之前的主显示字段。显示表达式中可包括多个字段的值,以及静态文本。

⑥CAD

a. 支持右键快捷菜单将 CAD 要素图层转换为地理数据库,并将图层自动添加到地图中。

b. 新增 CAD 至地理数据库(Geodatabase)工具,可用于从"目录"窗口批量加载 CAD 数据。CAD 至地理数据库(Geodatabase)工具自动执行一系列转换过程,包括导入 CAD 注记及合并相同的要素类名称、类型和属性。从 ArcMap 中的"目录"窗口运行该工具时,会自动将这些要素类添加至地图中。

c. ArcMap 要素类属性表中的不重要的字段(不需要渲染或查询操作的字段)默认关闭。

d."目录"窗口不支持 CAD 工程图数据集的显示。

e. 弃用了从 CAD 导入、设置 CAD 别名和创建 CAD XData 等 CAD 地理处理工具,但其仍可用于现有模型和脚本中。

⑦元数据

a."目录"窗口中的所有项目都具有一组简单的标准化核心元数据属性(称为项目描述),其中包括标题、摘要、描述、标签、制作者名单和预览缩略图。可在"目录"窗口和"搜索"窗口中对此进行深入研究,以了解有关数据的更多信息,并对详细元数据进行访问。

b. 引入了全新的"元数据编辑器"对话框。

c. 新增地理处理工具来完成元数据管理的任务(导入元数据和导出元数据)。

d. 可以基于元数据标准的 XML 模式来验证元数据。

⑧地图投影和坐标系

新版本中新增多种坐标系和变换。

a. 新增 EPSG 大地测量参数数据集 6.15 版本至 7.1 版本中的定义,包括 181 种地理(基准面)变换和超过 280 个坐标系。

b. 支持柏哥斯星状(Berghaus Star)投影。

⑨共享地图和数据

a. ArcGIS Online 进行了功能扩展,从而使用户不仅可以从 Esri 访问地图和数据,而且还可以从 GIS 社区访问地图和数据。用户可以将数据上传到 ArcGIS Online,并且使数据可由使用 ArcGIS Desktop 或 ArcGIS Explorer 桌面应用程序的任何人访问或者可由用户所指定的私人组的成员访问。

b. 用户可以通过 ArcMap 中新增的【文件】|【ArcGIS Online】命令访问 ArcGIS Online 并管理上传的数据,还可以通过 Web 浏览器访问全新的 ArcGIS. com 网站来使用 ArcGIS Online。

c. ArcMap 中新增的【文件】|【添加数据】|【添加来自 ArcGIS Online 的数据】命令使用户可以轻松地搜索或浏览 ArcGIS Online 中可以作为图层添加到地图文档的数据。

d. ArcMap 中的【创建图层包】命令的功能得到了增强,用户可以在打包图层之前对图层进行验证并将图层包直接上传到 ArcGIS Online。

e. 新增地图打包功能,可用于与他人共享完整的地图文档。地图包中包含一个地图文档文件(. mxd)及其所包含的已打包到一个方便的可移植地图包文件(. mpk)中的图层所引用的数据。

f. 全新的 ArcGIS. com 网站使任何人都可以创建包含一个或多个地图服务的 Web 地图并将其作为 ArcGIS Online 的一部分共享给其他用户。这些 Web 混合地图可以使用 ArcGIS. com 中的内置地图或基于 Silverlight 的新 ArcGIS Explorer Online 程序进行创建。不需要安装任何 ArcGIS 软件即可创建 Web 地图。ArcGIS Online Web 地图可以直接在 ArcMap 中打开,这些地图将显示为新地图文档。

⑩地图显示和导航

a. 新增底图图层,不需要等待重新绘制地图便可进行地图导航。

b. 新增快速平移模式,可在任一方向上连续平移,即使是在对要素进行数字化时。

c. 利用"比例设置"对话框可将地图的显示限制为某些比例级别。

d. 比例设置包含常见 Web 地图方案的预设值。

e. 应用程序"选项"对话框中有一个选项卡管理着缓存地图服务的显示缓存、底图图层及 ArcGlobe Globe 缓存。

f. 硬件加速使底图图层的平移和缩放操作的刷新更为平滑。

g. "ArcMap 选项"对话框中的"数据视图"选项卡包含一些设置项,可在远程桌面会话中轻松启用或禁用硬件加速,并控制底图图层的绘制方式。

h. 可使用修改键 CTRL 和 SHIFT 来更改使用快速平移模式和方向键进行导航的速度。

i. 可使用 Q 键或按住鼠标中键启用快速平移模式。

j. 调整显示画面时不再需要对地图进行彻底重绘以适应画面,使用 ArcMap 时需要进行的重绘次数更少。

（4）地理处理和分析

ArcGIS 10 中地理处理工具在后台执行,这样便可在工具执行时继续使用 ArcMap。ArcGIS 10 中 ArcToolbox 功能已被"搜索"窗口、"目录"窗口和"结果"窗口取代。ArcGIS 10 中仍然提供"ArcToolbox"窗口,但该窗口已不再被视为查找和使用工具的主要方法。此外,标准工具条中采用了一个新的地理处理菜单,此菜单包含用于配置地理处理的所有选项以及 6 个工具。

ArcGIS 10 中地理处理和分析具有以下新功能。

①Python 和 ArcPy

a."Python"窗口取代了"命令行"窗口。可以在"Python"窗口中以命令行方式执行工具,这与在之前的"命令行"窗口中执行的操作相同。与使用"命令行"窗口相比,使用"Python"窗口可以执行更多操作。可在"Python"窗口中执行所有 Python 代码,而不仅仅是地理处理工具。

b. ArcPy Site Package 随 ArcGIS 一起安装。site package 是 Python 术语,表示将附加函数添加到 Python 的库。ArcPy 站点包取代了 Python 代码中的 arcgisscripting。

c. ArcPy 中包含多个重要模块,其中包括用于与 ArcMap 进行交互和创建地图册的制图模块、用于执行地图代数的 Spatial Analyst 模块,以及包含用于设置复杂邻域搜索项的类的 Geostatistical Analyst 模块。

②基础工具

a.增加了 7 个仅模型工具。这些工具仅在模型构建器中可用。它们是计算值、收集值、获取字段值、合并分支、解析路径、选择数据和停止。

b.增加了超过 50 个核心地理处理工具。

c.可利用密码保护模型和脚本,即可在允许接收者运行并随后删除模型和脚本工具的同时防止他们对其进行编辑。无法查看受密码保护的模型。复制该模型时,密码保护不会受到影响。

d.可将 *.py 文件导入到工具中(实际上,必须执行此操作来使用密码保护脚本工具)。这意味着不需要为使脚本工具正常运行而提供单独的 *.py 文件。导入 *.py 文件后,可在知道密码(如果存在)的情况下将其再次导出。

（5）桌面应用程序开发

ArcGIS 10 引入了若干新颖且富有革新性的功能,更加便于开发人员自定义和扩展 ArcGIS 应用程序。新的 Desktop 加载项模型为开发人员提供了基于声明的框架,以创建自定义功能,之后便可在用户之间共享这些加载项文件,从而摆脱对于安装程序或 COM 注册的依赖。将加载项文件复制到共享文件夹即完成安装,而从此文件夹中将其删除即完成卸载。加载项提供了大多数常用的自定义内容的子集:按钮、工具、组合框、工具条/菜单、可停靠窗口及应用程序和编辑器的扩展模块。

（6）ArcGIS Mobile

ArcGIS 10 版本中 ArcGIS Mobile 具有以下变化。

①改进的手持应用程序可用性

a.触摸屏具有更大、更清晰的文本和菜单选项,可使用手势来滚动列表,而且改进的工作流变得更加直观和灵活。

b.增强后的"查看地图"任务新增了测量线、面积和要素的功能,同时支持新类型的在线和离线底图。

c. 对"采集要素"任务工作流进行了增强和简化,改善了 GPS 数据采集的用户体验:具有用于平均化 GPS 定位点的启动和停止按钮,同时可在采集定位点的过程中灵活地查看地图或 GPS 状态;提供了一种新的构建折线和面的 GPS 流方法,可按照距离或时间间隔来过滤定位点,并将形状置于实际捕获位置的横向偏移位置。

d. 可使用"搜索"任务保存搜索条件并将其与项目一同存储。下次打开该项目时,可以执行保存的搜索。

e. "同步"任务中包含用于将编辑自动提交到服务器的选项。每次采集或更新要素时,都可以以设置的时间间隔提交更改,也可以在设备插入底座时提交。

f. 新任务"查看外业工作队"可使外业工作人员之间的现场协作成为可能。通过使用"查看外业工作队"任务,可以在地图上查看其他外业工作人员的位置,并通过电子邮件、SMS 或直拨打电话的方式与他们取得联系。

②扩展的应用程序平台可支持触摸屏 Windows 设备

a. 增加了对 Windows 设备的支持,并针对通常用于车载的抗震触摸屏设备进行了优化。

b. Windows 应用程序特有的功能包括集成的触摸屏键盘、日间和夜间的界面皮肤,以及对应用程序自身亮度进行调节的功能。

c. 可暗化底图图层,以使业务地图图层内容从底图中突出显示,从而在图层之间呈现出视觉对比效果。

③供开发人员使用的开放式外业应用程序可提供自定义工作流

使用 .NET 和应用程序作为框架,可创建特定业务工作流的新任务来进行外业数据管理、更改现有 Esri 任务以提供其他功能,或对应用程序进行整体扩展。

④使用 Mobile Project Center 简化项目管理

Mobile Project Center 是一个新的应用程序,其核心功能是创建和管理外业项目。可以使用 Mobile Project Center 执行以下操作。

a. 在项目服务器上创建在目录内进行管理的现场项目。

b. 定义外业地图的内容,可包含多个业务图层或 Mobile 服务(前提是它们的空间参考相匹配)。

c. 使用应用程序框架创建任务和扩展模块,然后在外业项目中使用。

(7) Web GIS

ArcGIS Server for Microsoft .NET Framework 安装被分为两个安装程序,使用户能够更加灵活地选择要安装的组件。用户可选择只安装 GIS 服务器和服务,或只安装 Web 应用程序管理界面,或两者都安装。

①服务

a. 新增的要素服务可用于显示要进行 Web 编辑的地理要素。

b. 新增的搜索服务允许用户企业内部的其他人员进行搜索,并轻松地添加 GIS 数据。

c. 几何服务包含多种支持 Web 编辑方案的新方法。

d. 基于 MSD 的服务支持 Maplex、制图表达和新引入的各种新图层类型。

e. 地图服务可显示地图文档中的大量新属性和信息,以及文档的基础数据,其中包括要素附件、时态数据、属性域、关联、独立表、栅格数据字段和符号系统。

f. 可通过新引入的镶嵌数据集发布影像服务。影像服务支持多个新配置选项,并允许多种操作。

g. . NET Work Analysis 服务支持 3 个新的求解程序:OD 成本矩阵求解程序、车辆配送(VRP)求解程序和位置分配求解程序。

h. 地理编码服务支持单行地址格式。

i. 可使用名称字符串引用 WMS 服务中的图层。

j. 对 OGC 服务的其他各方面进行了增强,尤其加强了对 SLD 的支持,增大了源 GIS 数据的信息服务量。

②地图缓存

a. 可以以紧凑型存储格式存储缓存切片,这样复制速度会更快,而且占用的磁盘空间会更少。

b. 利用新增的混合图像格式可将多种图像类型置于一个缓存中,这样便于将 JPEG 缓存叠加到其他图层上。带有背景色的切片可存储为部分透明的 PNG 图像。

c. 使用【添加数据】按钮可将缓存作为栅格数据集直接添加到 ArcMap 或 ArcGlobe 中。

d. 新增了用于将缓存切片导入缓存目录和从缓存目录导出缓存切片的工具。这便于合作构建缓存。

e. 优化了分布式安装的 ArcGIS Server 上的缓存比例。服务器会先在本地目录创建切片,然后将它们复制到共享的缓存位置。由于使用了新的紧凑型存储格式,因此复制过程相当快。

f. 对 ArcGlobe 和 ArcGIS Explorer 进行了优化,可以快速地绘制某些类型的 2D 缓存。

③REST API

a. 支持 AMF 输出格式,该种输出格式可改善使用 ArcGIS API for Flex 时查询和地理处理结果的显示性能。

b. 可通过 REST 提供最近设施点分析和服务区网络分析。

c. 支持服务器对象扩展模块(仅限地图服务),可通过 REST 显示代码自定义的 ArcObjects 逻辑。

d. 可以使用熟知的文本指定坐标系,允许自定义坐标系参数。

e. 可通过编程方式清除 REST 管理缓存。

(8)ArcGIS 扩展模块

以下是对 ArcGIS 扩展模块的新增功能和变更内容的汇总。

①ArcGIS 3D Analyst

a. ArcGlobe 和 ArcScene 中均提供了标准编辑环境,用于创建和维护含有 Z 值的 GIS 要素。

b. 可将地理配准的全动态视频图层叠加到 ArcGlobe 的表面。

c. 用于描述大小和完全 3D 旋转的点要素符号系统可直接由要素属性驱动。

d. 更新了三维样式,使之具有更好的名称和描述标签,从而在使用"从符号选择中搜索"对话框时可获得明显改善的结果。

e. 设置两个最常用 3D 属性("基本高度"和"拉伸")的用户体验得到了改善。新版本较为容易使用内置图形完成这些用于展示属性更改内容的设置。

f. 重新设计了导航模型,从而简化了 3D 视图中的导航方式。

17

g. 可从 ArcGlobe 和 ArcScene 中导出大型图像(大于桌面)。

h. 可在 ArcGlobe 和 ArcScene 中创建图表。

i. 可通过 ArcGlobe 中新增的【文件】|【添加数据】|【添加来自 ArcGIS Online 的数据】命令直接从 ArcGIS Online 访问图层包、地图服务和 Globe 服务。该命令可启动全新的 ArcGIS.com 网站并且允许用户将关键的 ArcGIS Online 底图添加到 Globe 中。通常还可以搜索 Esri 和 GIS 社区所发布的附加数据。

j. ArcGlobe 中的【创建图层包】命令得到了增强,可以先对图层进行验证再打包并将图层包直接上传到 ArcGIS Online 中。用户可以管理已经上传到全新的 ArcGIS.com 网站上的数据。

②ArcGIS 的 Geostatistical Analyst 模块

ArcGIS Geostatistical Analyst 中增加了含障碍的扩散插值法、含障碍的核插值法、创建空间平衡点等 11 个地理处理工具。

③ArcGIS ArcScan

ArcGIS ArcScan 使用了交互式矢量化和自动矢量化的要素模板。

④ArcGIS Maplex

ArcGIS Maplex 中新增加了对使用了 Maplex 的只读地图文档的支持。只读地图文档会保留所有富 Maplex 标注属性,而不会恢复为 Esri 标准标注引擎。

优化的地图服务支持 Maplex 标注。新版本中,使用 Maplex 的地图可受益于优化的地图服务所使用的绘制引擎,从而提升性能。

⑤ArcGIS 网络分析

a. 网络数据集开始启用 3D,可对建筑物的内部通道一类的事物进行建模和网络分析。

b. 可存储有关历史流量的信息。历史流量可辅助路径分析和多路径配送分析以生成更精确的行驶时间和到达时间;此外,还可根据一天的特定时刻和一周的某天的历史流量来帮助查找最佳路径。

c. 可对网络使用取决于时间的约束条件。与考虑随时间变化的车程成本的历史流量模型类似,取决于时间的约束条件可基于时间点来允许和禁止某些网络元素,因此可对在峰值行驶时间变为单行线以适应主要交通流向的街道进行建模,或对某一天的某些时刻所禁止的转弯进行建模。

d. 可逐步重新构建网络。创建、编辑或删除参与网络数据集的任何要素时,均需要重新构建网络才能捕获更改。在之前的版本中,无论进行多小的更改,都要重新构建整个网络数据集。而在新版本中,重新构建过程仅需要重新构建脏区(紧紧包围已编辑要素的区域)中的网络。这显著减少了大型网络重新构建所花费的时间。

e. 可使用 ArcMap 中的"目录"窗口修改网络数据集的属性,因此不再需要打开和关闭 ArcGIS 应用程序便可以修改网络。

f. 可创建点障碍、线障碍和面障碍,也可通过障碍限制行程或使用障碍临时更改基础网络元素的成本。

g. 路边通道属性中增加了一个新选项"禁止 U 形转弯"。网络位置(如路径上的停靠点或多路径配送中的停靠点)包含一个路边通道属性,该属性可指定车辆到达和离开网络位置的方向。勾选"禁止 U 形转弯"选项时,车辆可从任一方向到达该网络位置,但离开时必须按与到达时相同的方向继续行进。在为可从任一方向到达停靠点但无法在停靠点转向的大型车辆规划路线时,此选项尤为有用。

h. 通过勾选"加载位置时排除网络的受限部分"选项,可确保网络位置只放置在网络中的可穿越部分。这可防止将网络位置放置在因约束条件或障碍而无法到达的元素上。

i. 新版本中,服务器参数组件类和服务器结果组件类(SOAP 和 GIS Server API 中提供)可以处理车辆配送、位置分配和起始 – 目的地成本矩阵。

j. 添加了最近设施点和服务区的 REST 终端。

k. 可将分析结果保存在服务器上,并在后续请求中重新使用该图层,以对现有解决方案加以利用。

⑥ArcGIS Schematics

新版本中,逻辑示意图存储为要素,因此不需要配置符号系统和标注的逻辑示意图。编辑逻辑示意图时其将处于锁定状态,这可防止其他用户编辑逻辑示意图并覆盖用户所做的更改,实现了对那些与版本化数据相关的逻辑示意图的更好的管理。逻辑示意图中新增了一个 UpdateStatus 字段,可对此字段进行符号化以查看所做的更新。

⑦ArcGIS 空间分析

a. 可从集成的 Python 交互式窗口中或通过用户自己喜欢的 Python 脚本集成开发环境(IDE)进行访问。

b. Python 类可用于某些参数集合,从而更加便于重新使用,同时也使对各参数的编程访问变得更加容易。

c. 移除了之前的 Spatial Analyst 工具条提供的为数不多的几个功能选项。交互式工具(等值线和直方图)在工具条上保持不变。作为 ArcGIS 9.3 和较早的"栅格计算器"对话框的替代,可在新的栅格计算器工具或"Python"对话框中输入地图代数表达式。

d. Spatial Analyst 具有自身的读/写功能。因为避免了临时文件的创建及内部管理,所以减少了对磁盘空间的占用、缩短了处理时间。

e. 引入了两个新接口,用户可使用 ArcObjects 在 Spatial Analyst 中处理栅格数据,而不需要将其转换为 Esri 格网格式。

f. 新增了 4 种 Spatial Analyst 地理处理工具:多值提取至点、Iso 聚类非监督分类、模糊隶属度和模糊叠加。此外,之前版本的工具条中的栅格计算器和区域直方图功能在新版本中被用作地理处理工具。

g. 焦点统计工具的新算法显著改善了该工具的性能,尤其是在处理较大邻域(例如 12×12 或更大的矩形邻域,以及半径为 5 或更大的圆形邻域)时。

⑧ArcGIS Tracking Analyst

a. 满足触发条件时,新增的电子邮件提醒服务操作可将自定义的电子邮件消息自动发送给所选的收件人。

b. 满足触发条件时,新增的数据修改服务操作可使用自定义函数修改传入数据消息中的数据值。

c. 新增的数据汇总服务操作可按照一个可配置的时间间隔自动生成实时追踪数据的数据汇总报表。

d. 增加了新的追踪图层显示模式,使用此显示模式便可以不对追踪图层进行缓存处理,或只对其进行部分缓存。

（9）行业解决方案

①Defense

在 ArcGIS 10 中，Military Analyst 和 MOLE 扩展模块中的许多功能都成了 ArcGIS 所固有的。ArcGIS 10 SP2 中添加了一些主题，可以更好地介绍国防领域的常用工作流。

②查找路径

查找路径新增以下功能。

a. 可在"查找路径"对话框中连接到 ArcGIS Server 和 ArcGIS Online 路径服务，从而在 ArcMap 中获取街道路线。

b. 默认情况下可在"查找路径"对话框中使用免费的 ArcGIS Online 路径和地理编码服务，用户可利用这些服务在 ArcMap 中获得驾车指示，而不需要提供他们自己的街道数据。

c. 支持地理数据库、Shapefile 和 SDC 网络数据集。

③地理编码

地理编码新增和更改以下功能。

a. 地理编码工具条中新增"管理地址定位器"列表和单行地址匹配"地址输入"文本框。

b. "查找"对话框中的"位置"选项卡支持对地址、地点、地标或坐标位置的查找。

c. 默认定位器是启动 ArcMap 时自动加载到地图中的定位器。军事格网参考系（MGRS）定位器以及一些来自 ArcGIS. com 的地理编码服务都可用作默认定位器。

d. 地理编码工具箱中新增了两个地理编码工具：创建复合地址定位器和反向地理编码。

第 2 章 ArcGIS 操作基础

2.1 ArcGIS 的数据模型

ArcGIS 采用一种称为地理关系模型的混合数据,支持地理对象的矢量方式和栅格方式的表示。ArcGIS 的数据模型通过支持几种重要的数据结构来实现对空间信息的表达和管理。

几种常见的数据模型的详细介绍如下。

2.1.1 Coverage

1981 年,ESRI 公司推出了它的第一个商用 GIS 软件 ArcInfo,打造了第二代地理数据模型 Coverage(也称地理关系数据模型),如图 2-1 所示,这个模型有两个关键之处。

其一,空间数据与属性数据相结合。空间数据存储在二进制索引文件中,使得显示和访问最优化。属性数据存储在表格中,用等于二进制文件中要素数目的行来存储,并且属性和要素使用同一 ID 连接。

其二,矢量要素之间的拓扑关系也被存储。这意味着,线的空间数据记录包含这些信息:哪些结点分割线、可以推算有哪些线相连,以及线的右侧及左侧有哪些多边形。

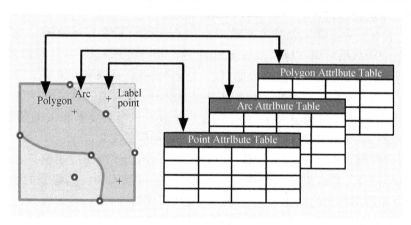

图 2-1 Coverage 数据模型

Coverage 的优势是用户可以自定义要素表格,不但可以添加字段,而且可以建立与外部数据表格的关联。由于当时的计算机硬件和数据库软件的性能局限,把空间数据直接存储在关系数据库是不可能的,因此,Coverage 将二进制文件中的空间数据与表格中的属性数据连接起来。

尽管将空间数据与属性数据分开存储,Coverage 依然在 GIS 领域占统治地位,其原因在于 Coverage 使追求高性能的 GIS 成为可能,拓扑关系的存储使得高级的地理分析操作和更精确的数据输入得以实现。

但是,Coverage 有个重大缺陷——要素是以统一的行为聚集的点、线和面的集合。也就是说,表示道路的线的行为和表示溪流的线的行为是一模一样的——显然,这并不是我们所需要的。

2.1.2　Geodatabase

Geodatabase 是 ESRI 公司在 ArcGIS 8 中引入的一个全新的空间数据模型,是建立在关系型数据库管理信息系统之上的统一的、智能化的空间数据库。它是在新的一体化数据存储技术的基础上发展起来的新数据模型,实现了 Geodatabase 之前所有空间数据模型(包括 Coverage 和 Shape)都无法完成的数据统一管理,即在一个公共模型框架下对 GIS 通常处理和表达的地理空间特征如矢量、栅格、TIN、网络、地址进行同一描述。同时,Geodatabase 是面向对象的地理数据模型,其地理空间特征的表达较之以往的模型更接近我们对现实事物对象的认识和表达。

Geodatabase 提供以下功能:

(1)处理丰富的数据类型;

(2)应用复杂的规则和关系;

(2)存取大量的存储在文件和数据库中的地理数据。

以下是 Geodatabase 的一些优点。

(1)具有地理数据统一存储的仓库。所有数据都能在同一数据库里存储并中心化管理。

(2)数据输入和编辑更加准确,通过智能的属性验证可以减少很多的编辑错误——这对于很多用户来说,便是采用 Geodatabase 的最根本原因。

(3)用户能够更为直观地处理数据模型。有了准确的设计,Geodatabase 包含了与用户数据模型相对应的数据对象。操作 Geodatabase 的数据与处理一般的点、线和多边形要素不同,用户可以有针对性地操作其感兴趣的对象,比如变压器、道路和湖泊等。

(4)要素具有丰富的关联环境。使用拓扑关系、空间表达和一般关联,用户不仅可以定义要素的特征,还可以定义要素与其他要素的关联情况。当与要素相关的要素被移动、改变或删除的时候,用户预先定义好的关联要素也会有相应的变化。

(5)可以制作蕴含丰富信息的地图。通过直接在 ArcInfo 制图应用窗口——ArcMap 中应用先进的绘图工具,可以更好地控制要素的绘制,还可以添加一些智能的绘图行为。一些特殊的专业化绘图行为的操作也能够通过编写代码实现。

(6)地图显示中要素是动态的。在 ArcInfo 中处理要素时,它们能根据相邻要素的变化做出响应。用户也可以将要素与自定义查询或分析工具关联到一起。

(7)可以更形象地定义要素形状。Geodatabase 用户可以使用直线、圆弧、椭圆弧和贝塞尔曲线来定义要素形状。

(8)要素都是连续无缝的。Geodatabase 可以实现无缝无分块的海量要素的存储。

(9)可以多用户并发编辑地理数据。Geodatabase 允许多用户编辑同一区域的要素,并可以协调出现的冲突。

确切地说,要实现上面列举的某些优点,是可以不使用面向对象的数据模型的。但是,如果不使用这种数据模型,会遇到很多的困难和麻烦——很多时候都需要编写连接要素的外部代码,但是这样的代码编写十分复杂,并且容易出错。总的来说,Geodatabase 的主要优点是它搭建了一个框架,这样用户便可以轻易地创建智能化要素,模拟真实世界中对象之间的作用和行为。

2.2　ArcGIS Desktop 的基础模块

ArcGIS Desktop(桌面 GIS)有 3 个基础模块:ArcMap、ArcCatalog 和 Geoprocessing。学习 ArcGIS 应首先了解这 3 个模块的主要功能。

1. ArcMap

ArcMap 是 ArcGIS Desktop 的核心应用程序,用于编辑、显示、查询和分析地图数据,具有地图制图的所有功能。ArcMap 提供了数据视图和布局视图两种浏览数据的方式,在此环境中可完成一系列高级 GIS 操作任务。

2. ArcCatalog

ArcCatalog 是一个空间数据资源管理器。它以数据为核心,用于定位、浏览、搜索、组织和管理空间数据。利用 ArcCatalog 还可以创建和管理数据库,定制和应用元数据,从而大大简化用户组织、管理和维护数据工作。

3. Geoprocessing

Geoprocessing 空间处理框架具有强大的空间数据处理和分析工具。框架主要包括两个部分:ArcToolbox(空间处理工具的集合)、ModelBuilder(可视化建模工具)。ArcToolbox 包括了数据管理、数据转换、图层处理、矢量分析、地理编码以及统计分析等多种复杂的空间处理工具。ModelBuilder 为设计和实现空间处理模型(包括工具、脚本和数据)提供了一个图形化的建模框架,它们均内嵌于 ArcMap 中。

2.3　ArcMap 的基本操作

ArcMap 是一个用于编辑、显示、查询和分析地图数据的以地图为核心的应用工具,同时也是一个具有复杂的专业绘制和编辑功能的系统,它既是一个面向对象的编辑器,又是一个完整的数据报表生成器。

ArcMap 中所显示的地理信息是以图层来进行描述的,每个图层代表一个特殊的要素类型,如河流、湖泊、高速公路等。图层并不能存储数据,它以 Coverage、Shapefile、Geodatabase、Image 和 Grids 等文件作为参考。图层能够确定数据的位置,使得所展示出来的地图能够反映最新的地理信息系统数据库中的信息,以便在图层上设置相应的符号来表示数据。

打开 ArcMap 后,在界面左侧的内容列表中能看到各图层列表,此即数据框架。图层能够被组织进数据框架。在 ArcMap 中浏览数据的方式有两种:数据视图(Data View)和布局视图(Layout View)。数据视图和布局视图都使用内容列表(Table of Content,TOC)来管理数据。内容列表也是地图数据层(Layers)的操作界面。

2.3.1　基本操作

1. 启动 ArcMap

(1)单击【开始】|【程序】|【ArcGIS】|【ArcMap 10.2】,启动 ArcMap,如图 2 - 2 所示。

（2）单击【添加数据】按钮 ✛，导入数据。也可以用标准工具栏上的【打开】按钮 📂 来打开地图。还可以在【文件】菜单的下拉菜单中打开最近操作过的地图，打开的地图如图 2 - 3 所示。

2. 窗口组成

（1）主菜单栏

ArcMap 的主菜单栏中共有 10 个菜单，如图 2 - 4 所示。

（2）标准工具栏

标准工具栏共有 19 个按钮，如图 2 - 5 所示。

（3）内容列表

内容列表用于显示地图文档所包括的数据框（图层）、数据层、地理要素及其显示状态，可以控制数据框、数据层的显示与否，可以设置地理要素的表示方法，如点状符号的大小、线状要素的线划类型和面状符号的色彩应用等。

图 2 - 2　启动 ArcMap

内容列表有 4 种显示方式：其一是按绘制顺序列出（如图 2 - 6（a）所示），图层按绘制顺序列出，拖放可更改绘制顺序，鼠标右键单击图层可执行更多命令，单击符号可对其进行更改；其二是按源列出（如图 2 - 6（b）所示），图层按包含其参考数据的地理数据库或文件夹列出，同时显示表格；其三是按可见性列出（如图 2 - 6（c）所示），图层按其是否开启或关闭列出，单独列出已打开但由于当地图比例而未绘制的图层，单击图层的图标将其开启或关闭；其四是按选择列出（如图 2 - 6（d）所示），图层按其要素是否可由交互式选择和编辑工具选择来列出，单独列出带有选定要素的图层。

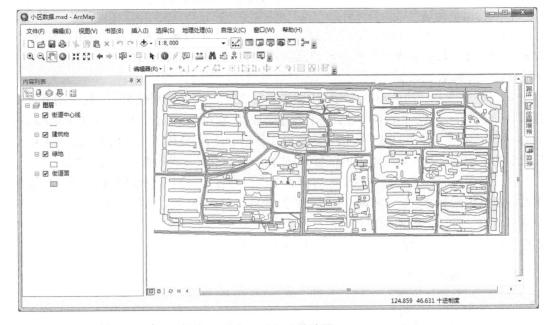

图 2 - 3　打开的地图

图 2-4　主菜单栏

图 2-5　标准工具栏

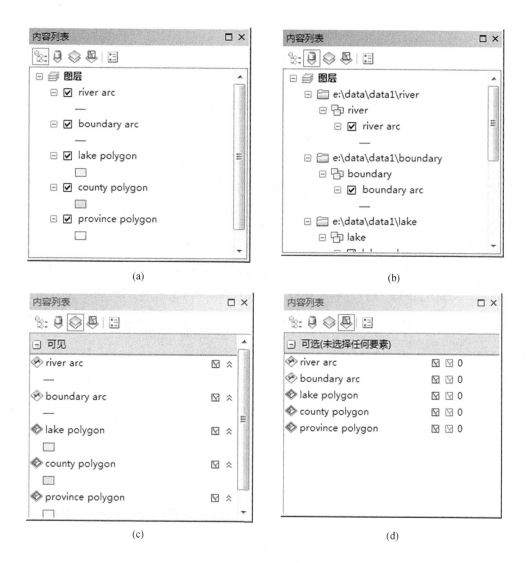

(a)

(b)

(c)

(d)

图 2-6　内容列表显示方式

（a）按绘制顺序列出；（b）按源列出；（c）按可见性列出；（d）按选择列出

内容列表选项用来管理图层的显示属性,可修改要素显示的样式,如图2-7所示。

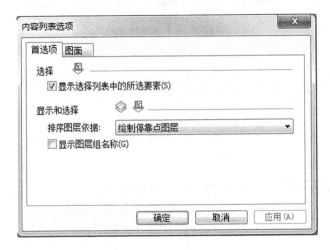

图2-7 内容列表选项

(4)地图显示窗口

地图显示窗口用于显示地图所包括的所有地理要素。ArcMap 提供了两种地图显示状态:数据视图(如图2-8(a)所示)和布局视图(如图2-8(b)所示)。数据视图状态下,可以借助数据显示工具栏对地图数据进行查询、检索、编辑和分析等各种操作,但其中包含地图上的各种地理要素信息,而没有地图辅助要素;布局视图状态下,图名、图例、比例尺和指北针等地图辅助要素都可以加载到其中,借助输出显示工具栏可以完成大量在数据视图状态可以完成的数据操作。两种显示状态可以通过地图显示窗口左下角的两个按钮随时切换:单击【数据视图】按钮 📄 打开数据视图,单击【布局视图】按钮 📄 打开布局视图。

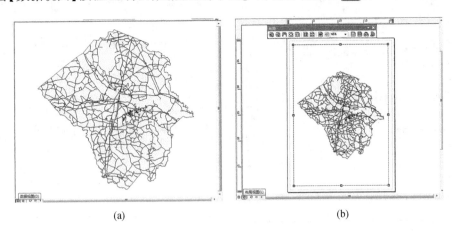

(a)   (b)

图2-8 地图显示窗口

(a)数据视图;(b)布局视图

（5）数据显示工具栏

图 2 - 9 所示的工具栏与数据视图相对应。

图 2 - 9　数据视图的工具栏

（6）输出显示工具栏

图 2 - 10 所示的工具栏与布局视图相对应。

图 2 - 10　布局视图的工具栏

（7）绘图工具栏

绘图工具栏包含了主要的图形绘制、注记设置与编辑工具。

图 2 - 11　绘图工具栏

（8）快捷菜单

在 ArcMap 窗口的不同的部位单击鼠标右键,会弹出不同的快捷菜单。实际操作中经常调用的快捷菜单有以下 4 种。

①数据框操作快捷菜单

在内容列表中的当前数据框上单击鼠标右键,或在数据视图状态的地图显示窗口中单击鼠标右键,均可以打开数据框操作快捷菜单,其中共有 19 项命令,如图 2 - 12 所示。

②数据层操作快捷菜单

在内容列表中的任意数据层上单击鼠标右键,可以打开数据层操作快捷菜单,其中共有 18 项命令,如图 2 - 13 所示。

③地图输出操作快捷菜单

在布局视图状态的地图显示窗口中单击鼠标右键,可以打开地图输出操作快捷菜单,其中共有 17 项命令,如图 2 - 14 所示。

④工具设置快捷菜单

将鼠标指针放在 ArcMap 窗口的主菜单栏、工具栏等处单击鼠标右键,可以打开工具设置快捷菜单,如图 2 - 15 所示。

图 2 – 12 数据框操作快捷菜单

图 2 – 13 数据层操作快捷菜单

图 2 – 14 地图输出操作快捷菜单

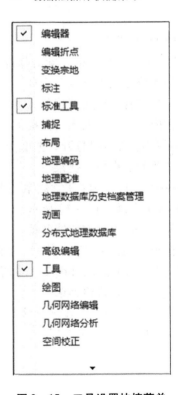

图 2 – 15 工具设置快捷菜单

(9)窗口显示比例设置

设置窗口的显示比例共有 3 种方法。

①选择数据层设置窗口显示比例

在需要设置窗口显示比例的数据层上单击鼠标右键,打开数据层操作快捷菜单。

单击【缩放至图层】按钮 ◇ 缩放至图层(Z) 。

②输入比例尺设置窗口显示比例

在设置显示比例框 1:41,143,880 ▼ 中直接输入需要的比例。

③利用工具栏上的按钮设置窗口显示比例

可直接利用工具栏上的按钮 ⊕ ⊖ 对窗口显示比例进行放大和缩小。

(10)辅助窗口设置

①总览窗口设置

单击【窗口】菜单,单击【总览】,即可在当前窗口中显示选择的图层,如图 2 - 16 所示。

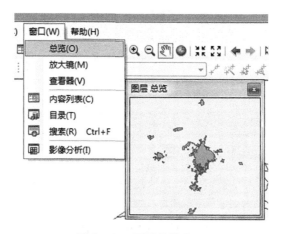

图 2 - 16　图层总览窗口

将鼠标放在数据视图状态的地图显示窗口内进行缩放操作和移动操作,图层总览窗口中的矩形框即可进行相应缩放和移动。

②放大镜窗口设置

单击【窗口】菜单,单击【放大镜】,如图 2 - 17 所示。拖动放大镜窗口,即可将窗口内的地图放大。

(11)书签设置

①创建书签

单击【书签】菜单,单击【创建书签】,即可创建书签,方便浏览各视图,如图 2 - 18 所示。

在"书签名称"文本框中输入书签的名称,单击【确定】按钮,完成书签的创建,如图 2 - 19 所示。

②使用和管理书签

单击【书签】菜单,单击【管理书签】,打开书签管理器,如图 2 - 20 所示。

单击【书签 1】,视图马上回到书签 1 创建时的状态。

书签管理器可以对创建的所有书签进行操作。

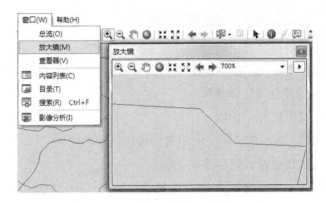

图 2－17　放大镜窗口

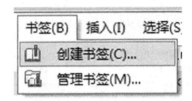

图 2－18　创建书签

图 2－19　输入书签的名称

图 2－20　书签管理器

（12）地图数据浏览

①浏览属性表

在内容列表中,在某一数据层上单击鼠标右键,打开数据层操作快捷菜单。

单击【打开属性表】,打开此数据层的属性表,如图 2 - 21 所示。

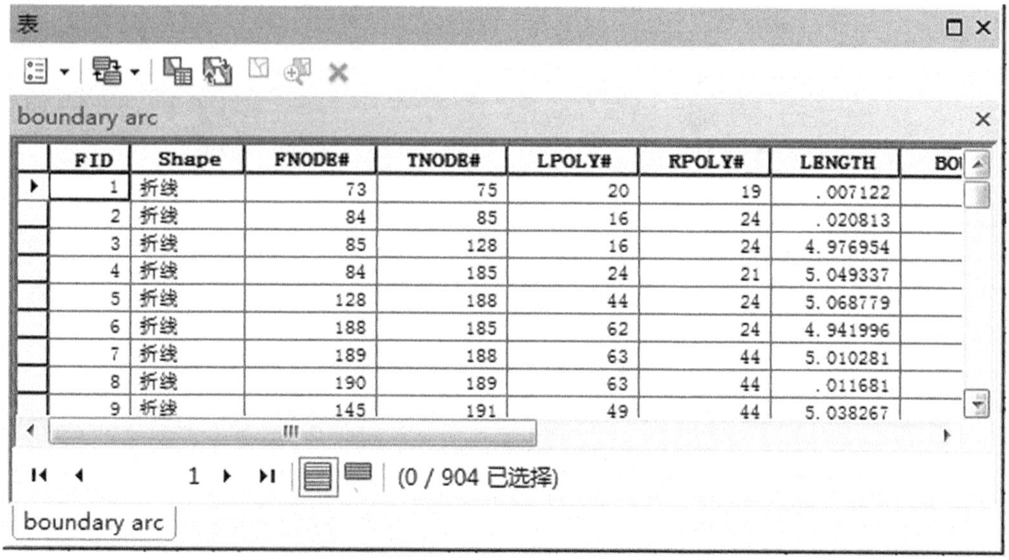

表

boundary arc

	FID	Shape	FNODE#	TNODE#	LPOLY#	RPOLY#	LENGTH	BO
▶	1	折线	73	75	20	19	.007122	
	2	折线	84	85	16	24	.020813	
	3	折线	85	128	16	24	4.976954	
	4	折线	84	185	24	21	5.049337	
	5	折线	128	188	44	24	5.068779	
	6	折线	188	185	62	24	4.941996	
	7	折线	189	188	63	44	5.010281	
	8	折线	190	189	63	44	.011681	
	9	折线	145	191	49	44	5.038267	

1 (0 / 904 已选择)

boundary arc

图 2 - 21　属性表

②浏览要素属性

在数据显示工具栏上单击【识别】按钮 ❶ 。

在数据视图状态的地图显示窗口中选择一个对象单击鼠标左键,打开的窗口如图 2 -
22 所示,其中包括了所要浏览的属性。

③用地图提示工具查看属性

在内容列表中,在要设置地图图层属性的图层上单击鼠标右键,单击【属性】,即可查看
相关的图层信息,如图 2 - 23 所示。

④地图距离测量

单击数据显示工具栏上的【测量】按钮 📏 ,鼠标变为距离测量标尺形状,进入测量状
态。在数据视图状态的地图显示窗口中单击鼠标左键确定需要测量距离的起点,在数据视
图状态的地图显示窗口中单击鼠标左键确定需要测量距离的第 1 点,可以接着点击第 2 点、
第 3 点等,在需要测量的终点双击鼠标左键,结束测量。在"测量"对话框中也可以设置测
量单位等,如图 2 - 24 所示。

（13）保存地图

单击【文件】菜单,单击【保存】或者【另存为】。

存储格式为.mxd,保存的是地图文档文件,并不是地图数据,数据存储在 GIS 数据库
中,需要显示时,地图会以此数据为基础进行显示。

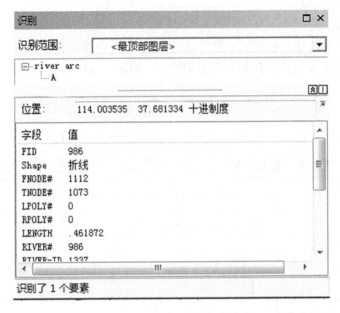

图 2 – 22　要素属性

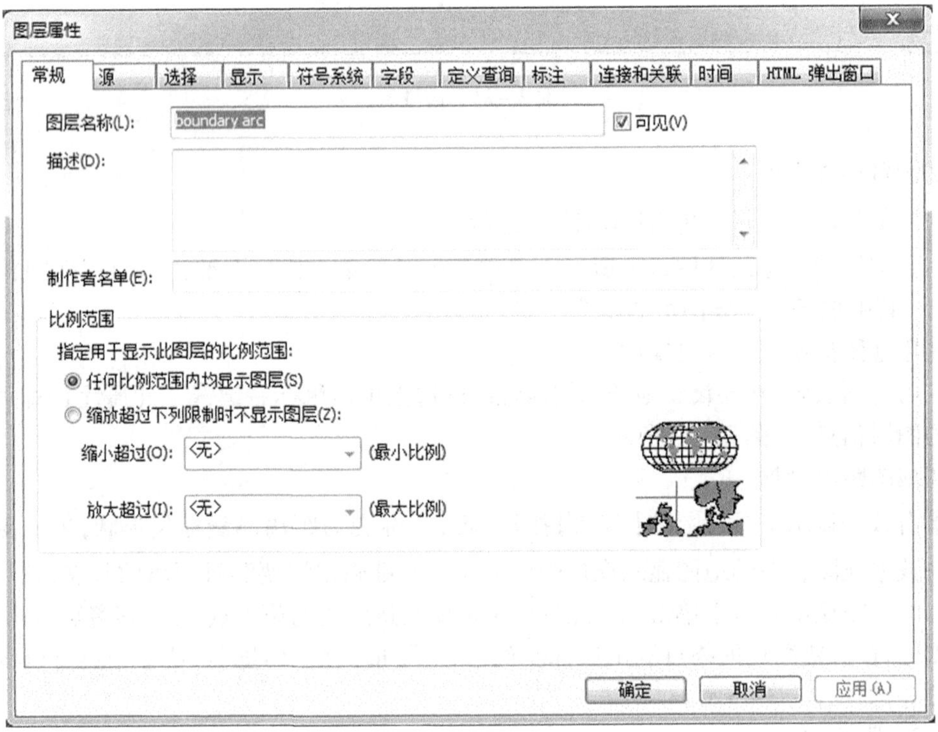

图 2 – 23　图层属性

图 2 - 24　距离测量

2.3.2　创建新地图

1.启动 ArcMap 时创建新地图

启动 ArcMap,打开"ArcMap – 启动"对话框,如图 2 – 25 所示。

图 2 -25　"ArcMap – 启动"对话框

选择【空白地图】,单击【确定】按钮,创建一个新的空白地图;或者应用已有的地图模板创建新地图,选择【模板】并选择想要的地图模板,单击【确定】按钮,进入地图编辑环境。

2. 启动 ArcMap 后创建新地图

单击主菜单栏中的【文件】菜单,单击【新建】,打开"新建文档"对话框。

下面的操作与启动 ArcMap 时创建新地图相同。

此外,如果不想使用地图模板,可以直接单击【新建】按钮 ,创建新地图。

2.3.3 数据加载及相关操作

1. 直接加载

单击标准工具栏中的【添加数据】按钮 ,打开"添加数据"对话框,如图 2 – 26 所示;或者单击主菜单栏中的【文件】菜单,单击【添加数据】,打开"添加数据"对话框。

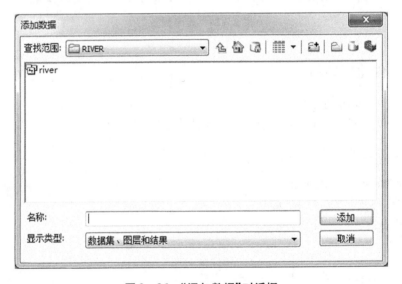

图 2 – 26 "添加数据"对话框

选择需要打开的图层,单击【添加】按钮。如果需要选择多个图层,可以同时按住 Shift 键和 Ctrl 键。

2. 通过已知地图加载

(1)打开已有的地图。

(2)先保存图层再打开地图。

在内容列表中单击图层,单击【另存为图层文件】,浏览需要保存图层的文件夹,给图层取名。在新的窗口按步骤 1 中的操作打开图层。

3. 定义查询

在内容列表中的图层上单击鼠标右键,单击【属性】,单击"定义查询"标签,单击【查询构建器】按钮,输入一个表达式(例如""PROVINCE#" >22"),如图 2 – 27 所示,单击【确定】按钮得到查询结果,如图 2 – 28 所示。

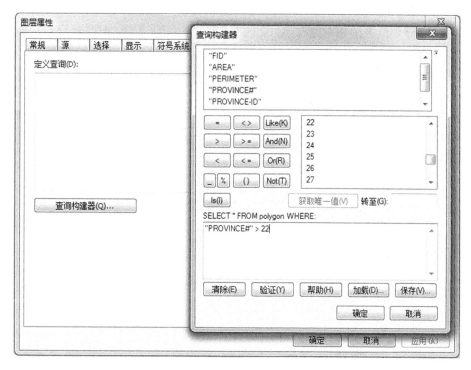

图 2 - 27　定义查询

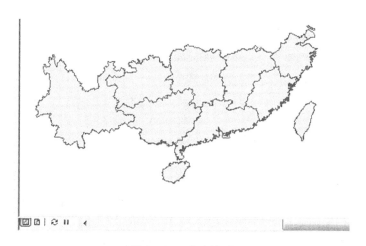

图 2 - 28　查询结果

4. 加载数据层的路径

ArcMap 地图文档中所记录和保存的并不是各数据层所对应的原数据,而是各数据层所对应的原数据的路径信息,其通过路径信息调用原数据。

如果磁盘中数据文件的路径发生了变化,地图显示就会出现问题。针对此问题,ArcMap 提供了以下功能。

(1) 存储数据层的相对路径

存储了相对路径后可以在同一个目录里分发地图和数据给别人。

单击【文件】|【地图文档属性】,打开"地图文档属性"对话框,如图 2 – 29 所示,在此对话框中勾选"存储数据源的相对路径名"复选框,单击【确定】按钮,即可保存当前数据层的相对路径。

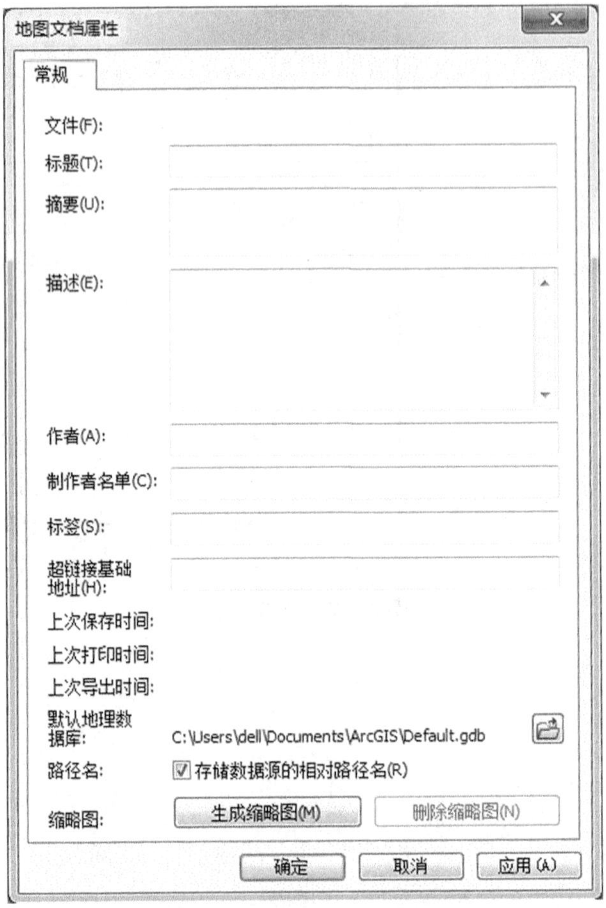

图 2 – 29 "地图文档属性"对话框

(2)修复数据源

如果地图文档中某数据层对应的原数据的路径发生了变化,而且在打开地图文档时又没有指定新的路径,地图文档打开后内容列表中该数据层的前面就会出现一个红色的惊叹号,表明该数据层没有和相应的原数据连接,需要重新连接原数据。

鼠标指针放在没有原数据连接的数据层上,单击鼠标右键,打开数据层操作快捷菜单,单击【数据】|【修复数据源】,如图 2 – 30 所示。在打开的对话框中选择原数据文件,将数据层与原数据之间的连接关系再次建立起来。

2.3.4 数据层的相关操作

1.改变数据层的名称

在内容列表中用鼠标左键单击选中需要改变名称的数据层,该数据层成为当前数据层。再次单击该数据层,进入可编辑状态。使用同样的方法,可以改变数据层中地理要素的描述和数据组的名称。

图 2 - 30　修复数据源

2. 调整数据层的顺序

把鼠标指针放在内容列表中需要调整顺序的数据层上,按住鼠标左键拖动数据层,内容列表中出现一条黑色的粗线用于指示数据层的位置,将数据层拖动到新的位置,释放鼠标操作左键,操作完成。

一般情况下,排序原则如下。

按照点、线、面要素类型依次排序,点在上、线在中、面在下。

按照要素重要程度的高低依次排序,重要的在上、次要的在下。

按照要素线划的粗细依次排序,细的在上、粗的在上。

按照要素色彩的浓淡依次排序,淡的在上、浓的在下。

3. 定义数据层的坐标

在 ArcMap 中加载数据层时,第一个被加载的数据层的坐标系统,被系统默认为该数据框的坐标系统;随后加载的数据层,无论其原来的坐标系统如何,只要含有足够的坐标信息,满足坐标转换的需要,都将被转换为该数据框的坐标系统。这样的改变不会影响原数据本身。

具体操作如下。

(1)把鼠标指针放在内容列表中的数据框上,单击鼠标右键,单击【属性】。

(2)单击"坐标系"标签,打开"数据框属性"对话框,如图 2 - 31 所示。

在此对话框中可以对坐标系参数进行查看、修改等工作。

双击对话框中的投影坐标系目录,选择需要的地图投影类型,可以对坐标系统进行重新定义。

单击【变换】按钮,打开"地理坐标系变换"对话框,单击【添加】按钮,打开"空间参考属性"对话框,在此对话框里可以对坐标系参数进行修改,如图 2 - 32 所示。

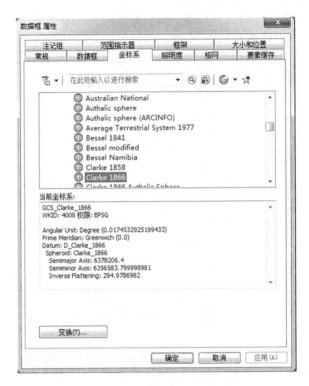

图 2 –31 "数据框属性"对话框

图 2 –32 修改坐标系参数

2.4　ArcCatalog 的基本操作

ArcCatalog 用于管理、访问和探究存在的地理数据,包括数据存储的格式和地址(位于本地磁盘或者网络的其他位置)。它与 Windows Explorer 类似,但却是为地理数据所设计的。使用 ArcCatalog 可以改变数据的结构,如创建一个新的地理数据库(Geodatabase),把现存的数据装入到地理数据库中,增加、删除属性表中的字段等。

GIS 用户使用 ArcCatalog 来组织、发现和使用 GIS 数据,同时也使用标准化的元数据来说明数据。

GIS 数据库管理员使用 ArcCatalog 来定义和建立 Geodatabase。

GIS 服务器管理员则使用 ArcCatalog 来管理 GIS 服务器框架。

2.4.1　启动 ArcCatalog

1. 开始菜单启动

单击【启动】|【程序】|【ArcGIS】|【ArcCatalog】,启动 ArcCatalog,如图 2 – 33 所示。

2. 工具按钮打开目录窗口

在 ArcMap 窗口中单击【目录】按钮 ，即可打开"目录"窗口,如图 2 – 34 所示。

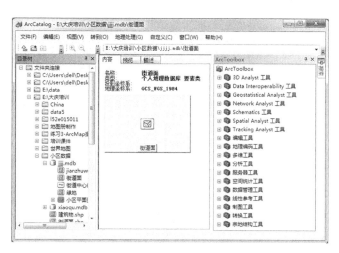

图 2 – 33　启动 ArcCatalog

2.4.2　自定义工具条

当 ArcCatalog 启动之后,缺省方式的用户界面包括主菜单和标准工具条。可以通过单击主菜单栏的【自定义】|【工具条】|【自定义】(如图 2 – 35 和图 2 – 36 所示)或者在菜单区(或工具条区)单击鼠标右键进行界面的定制。这些菜单和工具条可以停靠在窗口的任意位置。

图 2 – 34　"目录"窗口

图 2 – 35　自定义工具条

图 2 – 36　"自定义"对话框

2.4.3　文件夹连接

为了方便操作,可以为操作数据所在的位置创建一个连接。数据可以位于本地磁盘或者网络的其他位置。

1. 建立文件夹连接

(1)在主菜单栏中单击【文件】|【连接到文件夹...】,或者运行标准工具条中的 ⬆ 按钮,或者在"目录树"窗口中的"文件夹连接"上单击鼠标右键,单击【连接到文件夹】,如图 2 - 37 所示。

图 2 - 37　连接到文件夹

(2)在显示的窗口中选择数据所在的文件夹。

(3)单击【确定】按钮。

2. 取消文件夹连接

(1)选择要取消连接的文件夹。

(2)在主菜单栏中单击【文件】|【断开文件夹连接】,或者单击标准工具条中的 ❎ 按钮,或者单击鼠标右键,单击【断开文件夹连接】。

2.4.4　浏览数据

可以在"内容"标签中查看一个文件夹或者数据库中的内容。可以采用小图标、大图表、列表以及缩略图的方式查看内容。

(1)在"目录树"窗口中依次展开文件夹,选择"boundary"。

(2)如果"内容"标签没有被选中,选中"内容"标签。

(3)通过 按钮更改显示方式,查看相应的结果,图 2 - 38 为列表方式的显示结果。

2.4.5　管理数据源

ArcCatalog 也具有组织数据的功能,如创建、复制、删除和重命名数据源,具体操作与 Windows Explorer 类似。

1. 创建数据源

(1)在要新建数据源的文件夹上单击鼠标右键,单击【新建】|【Shapefile】即可新建数据源,如图 2 - 39 所示。

(2)设置投影信息

在"创建新 Shapefile"对话框中单击【编辑】按钮,在弹出的"空间参考属性"对话框中单击【投影坐标系】,选择相应的投影坐标系,如图 2 - 40 所示。

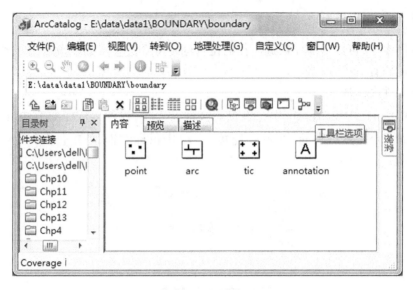

图 2 - 38 浏览数据

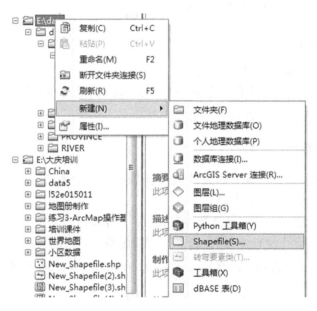

图 2 - 39 创建新数据源

2. 复制数据源/集

选中要复制数据的文件夹,单击鼠标右键,单击【复制】,选择另一个位置,单击鼠标右键,单击【粘贴】,即可复制数据。

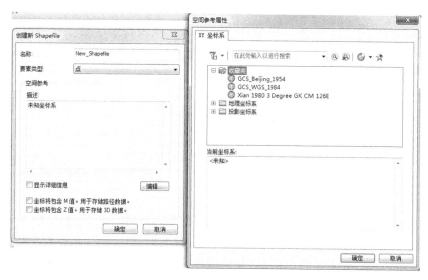

图 2 - 40　设置投影信息

2.5　ArcToolbox 应用基础

2.5.1　ArcToolbox 简介

ArcToolbox 提供了极其丰富的地学数据处理工具。使用 ArcToolbox 中的工具,能够在 GIS 数据库中建立并集成多种数据格式、进行高级 GIS 分析、处理 GIS 数据等。使用 ArcToolbox 可以将所有常用的空间数据格式与 ArcInfo 的 Coverage、Grids、TIN 进行互相转换。在 ArcToolbox 中可进行拓扑处理,合并、剪贴、分割图幅,以及使用各种高级的空间分析工具等。

1. 工具箱

(1)3D Analyst 工具(3D 分析工具)

使用 3D 分析工具可以创建和修改 TIN 或栅格表面,并从中抽象出相关信息和属性。

(2)Data Interoperability 工具(数据互操作工具)

数据互操作工具包含一组使用安全软件的 FME 技术转换多种数据格式的工具。FME Suite 是用于空间数据的提取、转换和加载(ETL)的工具。ArcGIS 数据互操作扩展模块允许用户将空间数据格式集成到 GIS 分析中。此外,该扩展模块还可根据内置格式和转换器构建新的自定义空间数据格式。

(3)Geostatistical Analyst 工具(统计分析工具)

统计分析工具提供了广泛全面的相关工具,用它可以创建一个连续表面或地图,用于可视化及分析。

(4)Network Analyst 工具(网络分析工具)

网络分析工具包含可执行网络分析和网络数据集维护的工具。使用此工具中的工具,可以维护用于构建运输网模型的网络数据集,还可以对运输网执行路径、最近设施点、服务区、起始 - 目的地成本矩阵、多路径派发(VRP)和位置分配等进行网络分析。

（5）Schematics 工具

Schematics 工具包含用来执行最基本的逻辑示意图操作的工具。使用此工具中的工具，可以创建、更新和导出逻辑示意图或创建逻辑示意图文件夹。

（6）Spatial Analyst 工具（空间分析工具）

空间分析工具提供了很丰富的工具来实现基于栅格的分析。在 GIS 三大数据类型中，栅格数据结构提供了用于空间分析的最全面的模型环境。

（7）Tracking Analyst 工具

Tracking Analyst 工具包含用于准备时间数据的工具，以便与 Tracking Analyst 扩展模块结合使用。

（8）编辑工具

编辑工具可以将批量编辑应用于要素类中的所有（或所选）要素，其中许多工具属于数据清理类别。例如，如果在使用不适当的精度或者缺少捕捉环境的情况下捕获或数字化数据，将会导致多边形边界未闭合（存在间隙），或线超出与其他线之间的预期交点，或未达到此交点。编辑工具提供了一组丰富的功能，包括增密、擦除、延伸、翻转、概化、捕捉、修剪等，可快速解决这些类型的数据质量问题。

（9）地理编码工具

地理编码又称地址匹配，是建立地理位置坐标与给定地址一致性的过程。使用该工具可以对各地理要素进行编码操作、建立索引等。

（10）多维工具

多维工具包含作用于 NetCDF 数据的工具。可使用这些工具创建 NetCDF 栅格图层、要素图层或表格视图，从栅格、要素或表转换到 NetCDF，选择 NetCDF 图层或表的维度。

（11）分析工具

对于所有类型的矢量数据，分析工具提供了一整套的处理方法，主要有联合、裁剪、相交、判别、拆分、缓冲区、邻近、点距离、频度、加和统计等。

（12）服务器工具

服务器工具包含用于管理 ArcGIS Server 地图和 Globe 缓存的工具，也包含用于简化通过服务器提取数据过程的工具。

（13）空间统计工具

空间统计工具包含了分析地理要素分布状态的一系列统计工具，这些工具能够实现多种适用于地理数据的统计分析。

（14）数据管理工具

数据管理工具提供了丰富且种类繁多的工具来管理和维护要素类、数据集、数据层及栅格数据结构。

（15）线性参考工具

使用线性参考工具可以生成和维护线状地理要素的相关关系，如实现由线状 Coverage 到路径（Route）、由路径事件（Event）属性表到地理要素类的转换等。

（16）制图工具

制图工具与 ArcGIS 中其他大多数工具有着明显的目的性差异，它是根据特定的制图标准来设计的，包含了 3 种掩膜工具。

（17）转换工具

转换工具包含了一系列不同数据格式的转换工具,主要有栅格数据、Shapefiles、Coverage、Table、dBase,以及 CAD 到地理数据库的转换工具等。

（18）宗地结构工具

此工具仅适用于 ArcEditor 和 ArcInfo。宗地结构工具中包含处理宗地结构内部要素类和表的各种工具。使用宗地结构工具,可以将数据迁移到宗地结构中、升级现有宗地结构及为宗地结构创建图层和表视图。

2. 环境设置

在 ArcToolbox 中,任意打开一个工具,在对话框右下方便有一个【环境】按钮,对于一些特别的模型或者有特殊目的的计算,需要对输出数据的范围、格式等进行调整时,单击【环境】按钮,弹出"环境设置"对话框,如图 2 - 41 所示。

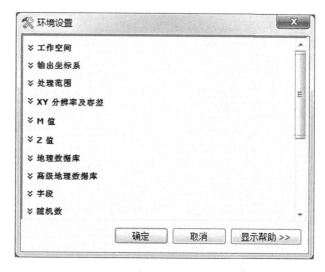

图 2 - 41　"环境设置"对话框

在此对话框中指定的环境设置将应用于运行工具所得到的输出结果中。环境参数可以按等级设置,这表示可以针对所使用的应用程序对其进行设置,以便将环境设置应用于所有工具;可以针对某个模型进行设置,以便将环境设置应用于模型中的所有过程;还可以针对模型中的特定过程进行设置。针对模型中的某个过程所做的环境设置将覆盖所有其他设置,而针对模型中所有过程进行的环境设置将会覆盖在应用程序级别上所做的环境设置。

地理处理环境设置的对象是影响工具执行结果的附加参数,这些参数与常规工具参数的区别在于它们不会显示在工具的对话框中(存在某些例外情况)。更确切地说,这些参数是先前使用独立对话框设置的值,在工具运行时将询问和使用这些参数。

更改环境设置通常是执行地理处理任务的先决条件。例如,当前工作空间环境设置和临时工作空间环境设置可以通过更改环境设置参数为输入和输出设置工作空间。又如,范围环境设置可用于将分析范围限制为一个特定的地理区域,输出坐标系环境设置用于为新数据定义坐标系(地图投影)。

只有某些环境可以用于单个工具,设置工具使用环境的方法是相同的。例如,所有使用输出范围环境的工具设置输出范围环境的方法相同,仅在输出范围中处理要素。

2.5.2 ArcToolbox 的基本操作

1. 启动 ArcToolbox

在 ArcGIS 其他模块中单击 按钮来启动 ArcToolbox,如图 2 – 42 所示。

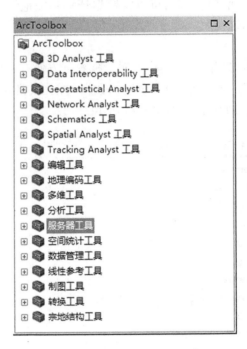

图 2 – 42 ArcToolbox 工具箱

在 ArcToolbox 环境下可以看到, ArcToolbox 由多个工具箱构成,能够完成不同类型的任务。每个主要工具箱中包含着不同级别的工具集,包括数目极多的工具。

2. 激活扩展工具

(1)在主菜单中单击【自定义】|【扩展模块】,打开"扩展模块"对话框,如图 2 – 43 所示。

(2)勾选其中一个扩展工具(如"3D Analyst")的复选框,即可激活该扩展工具。

(3)3D Analyst 工具箱中的工具被激活,即可运行此工具,如果没有激活此扩展工具,该工具箱中的工具是不可运行的。

3. 创建新的工具箱

(1)在"目录"窗口中查找到要创建新的工具箱的文件夹或地理数据库。

(2)选中该文件夹或地理数据库,单击鼠标右键,然后单击【新建】|【工具箱】,如图 2 – 44 所示。新的工具箱的默认名称为"Toolbox. tbx"或"Toolbox",可以对其进行重命名,以便在脚本中对工具箱进行标识。

(3)可以在新的工具箱中建立新的工具集或模型。

注意:不要在系统临时文件夹中创建新的工具箱,ArcGIS 会删除系统临时文件夹中的工具箱。

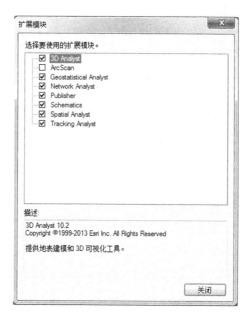

图 2 - 43　"扩展模块"对话框

图 2 - 44　新建工具箱

4. 管理工具

在任意一个工具箱上单击鼠标右键,即可打开工具箱快捷菜单,此菜单提供的功能主要有 12 种,如图 2 - 45 所示。

(1) 复制:复制一个工具箱或工具。

(2) 粘贴:将复制的工具箱或工具粘贴到其他工具箱里。

(3) 移除:将不需要的工具箱或工具移除。

(4) 重命名:重命名工具箱或工具。

(5) 刷新:刷新所选工具箱或工具。

（6）编辑：编辑所选工具箱或工具。

（7）检查语法：检查所选工具箱或工具的语法。

（8）新建：为此工具箱创建新的工具集或模型。

（9）添加：为此工具箱添加新的脚本或工具。

（10）另存为：保存为其他版本的工具。

（11）项目描述：查看或编辑此工具箱、脚本、模型或工具的项目描述文档。

（12）属性：显示所选项目的属性。

图 2 - 45　工具箱快捷菜单

第3章　ArcGIS 的数据采集与组织

3.1　地　图　投　影

3.1.1　地图投影基本概念

地球是一个不规则的球体,为了能够将其表面内容显示在平面上,就必须将球面地理坐标系统变换成平面坐标系统,运用地图投影方法建立地球表面上点和平面上点的函数关系,使地球表面上由地理坐标确定的点在平面上有一个与它相对应的点。地图投影的使用保证了空间信息在地域上的连续性和完整性。

由于数据源的多样性,当所使用的数据的空间参考系统(坐标系统、投影方式)与用户需求不一致时,需要对数据进行投影变换。同样,在完成本身有投影信息的数据采集时,为了保证数据的完整性和易交换性,要定义数据投影。

1.地理投影的基本原理

常用的地图坐标系有两种,即地理坐标系和投影坐标系。

(1)地理坐标系

地理坐标系是以经纬度为单位的地球坐标系统,地理坐标系中有两个重要部分,即地球椭球体(Spheroid)和大地基准面(Datum)。

地球由于其表面的不规则性,不能用数学公式来表达,也就无法实施运算,所以必须找一个形状和大小都很接近地球的椭球体来代替地球,这个椭球体被称为地球椭球体,我国常用的椭球体见表 3 - 1。

表 3 - 1　我国常用的椭球体

椭球体名称	提出时间	长半轴/米	短半轴/米	扁率
WGS84	1984 年	6378 137.0	6356 752.3	1:298.257
IAG - 75	1975 年	6378 140.0	6356 755.3	1:298.257
克拉索夫斯基(Krasovsky)	1940 年	6 378 245.0	6 356 863.0	1:298.3

大地基准面指目前参考椭球体与 WGS84 参考椭球体间的相对位置关系,包括 3 个平移、3 个旋转、1 个缩放,可以用其中 3 个、4 个或者 7 个参数来描述它们之间的关系,每个椭球体都对应一个或多个大地基准面。

(2)投影坐标系

投影坐标系利用一定的数学法则把地球表面上的经纬线网表示到平面上,属于平面坐标系。数学法则指的是投影类型。目前我国大中比例尺地形图采用的是高斯 - 克吕格(Gauss Kruger)投影(采用克拉索夫斯基椭球体)。高斯 - 克吕格投影属于横轴等角切椭圆柱投影,无角度变形。其投影过程可简述如下:椭圆柱面与地球椭球体在某一子午圈上相切,这条子午圈叫作投影的中央子午线,又称轴子午线,它也是高斯－克吕格投影后的平面直角坐标系的纵轴(一般定义为 x 轴);地球椭球体的赤道面与椭圆柱面相交成一条直线,这条直线与中央子午线正交,它是高斯－克吕格投影后的平面直角坐标系的横轴(一般定义为 y 轴);把椭圆柱面展开,就得出以 (x,y) 为坐标的平面直角坐标系,如图 3－1 所示。

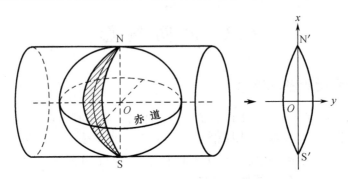

图 3－1　高斯－克吕格投影

高斯－克吕格投影的中央子午线和赤道互相垂直,中央子午线长度比等于 1,没有长度变形,其余子午线长度比均大于 1,长度变形为正;距中央子午线愈远,变形愈大,最大长度变形在赤道和边纬的焦点上。高斯－克吕格投影通常按照 3° 或 6° 分带投影,如图 3－2 所示。我国规定 1:2.5 万至 1:50 万比例尺地形图采用 6° 分带,1:1 万和 1:2.5 万比例尺地形图采用 3° 分带。

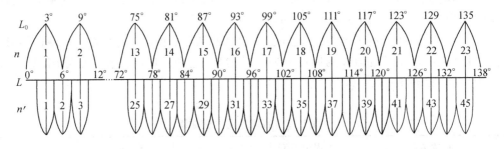

图 3－2　高斯－克吕格投影分带

每个投影带设立一个独立的平面直角坐标系,以中央子午线为纵轴(x 轴),以中央子午线与赤道的交点为坐标原点,以赤道线为横轴(y 轴)。这样,在中央子午线以东的点横坐标 y 为正值,以西的点横坐标 y 为负值。为了避免负值的不方便,一般规定将中央子午线向西平移 500 km,这样得出的横坐标用 Y 表示,$Y = 500$ km $+ y$,Y 就总为正值。

高斯－克吕格投影在英美两国称为横轴等角墨卡托投影。美国及其他一些国家地形图使用的 UTM 投影(Universal Transvrse Mercatol Projection,通用横轴墨卡托投影,采用 WGS84 椭球体)亦属于横轴等角椭圆柱投影。UTM 投影与高斯－克吕格投影的区别在于该投影是横轴等角割椭圆柱投影。UTM 投影将北纬 84° 至南纬 80° 之间按经度分为 60 个带,每带 6°,从西经 180° 起算;在投影带内有两条长度比等于 1 的标准经线,中央经线的长度比为 0.9996。

2. 北京 54 坐标系与西安 80 坐标系

在地面上建立一系列相连接的三角形,量取一段精确的距离作为起算边,在这个边的两个端点,采用天文观测的方法确定其点位(经度、纬度和方位角),用精密测角仪器测定各三角形的角值,根据起算边的边长和点位就可以推算出其他各点的坐标。这样推算出的坐标称为大地坐标。

我国于 1954 年在北京设立了大地坐标原点,由此计算出的各大地控制点的坐标称为 1954 年北京坐标系(北京 54 坐标系)。为了适应大地测量的发展,我国于 1978 年采用国际大地测量协会推荐的 IAG – 75 地球椭球体建立了我国新的大地坐标系,并在 1980 年宣布在陕西省泾阳县设立了新的大地坐标原点,由此计算出的各大地控制点坐标称为 1980 年大地坐标系(西安 80 坐标系)。表 3 – 2 为北京 54 坐标系和西安 80 坐标系采用的主要参数。

表 3 – 2 北京 54 坐标系和西安 80 坐标系采用的主要参数

坐标系名称	投影类型	椭球体	基准面
北京 54 坐标系	Gauss Kruger(Transverse Mercator)	Krasovsky	北京 54
西安 80 坐标系	Gauss Kruger(Transverse Mercator)	IAG – 75	西安 80

从表 3 – 2 中可以看到,通常所说的北京 54 坐标系、西安 80 坐标系实际上指的是我国的两个大地基准面。

3. 参数的获取

对于地理坐标,只需要确定两个参数,即椭球体和大地基准面。对于投影坐标,假如投影类型为 Gauss Kruger,除了确定椭球体和大地基准面外,还需要确定中央经线。

确定大地基准面的关键是确定 7 个参数(或者其中几个参数)。北京 54 基准面可以用三个平移参数来确定,即" – 12, – 113, – 41,0,0,0,0",很多软件近似为 Krasovsky(0,0,0,0,0,0,0)基准面。西安 80 基准面的 7 个参数比较特殊,各个区域不一样。其获取一般有两个途径:一是直接从测绘部门获取;二是根据三个以上具有西安 80 坐标系与其他坐标系的同名点坐标值,利用软件来推算,有一些绿色软件具有这个功能,如 Coord MG。

中央经线的获取有以下两种方法:第一种是根据已知带号计算,6 度带用 $6 \times N - 3$,3 度带用 $3 \times N$;第二种是根据经度从图中查找。

3.1.2 在 ArcGIS 中显示坐标系统

1. 显示数据框坐标系

(1)在桌面上打开 ArcGIS 应用程序 。

(2)鼠标右键单击图层打开"数据框属性"对话框,并单击"坐标系"标签来查看数据框的坐标系统,如图 3 – 3 所示。

2. 显示图层坐标系

(1)在刚打开的地图文档的图层中加载一个图层 。

(2)鼠标右键单击该图层打开"图层属性"对话框,并单击"源"标签来查看该图层的坐标系统,如图3 –4所示。

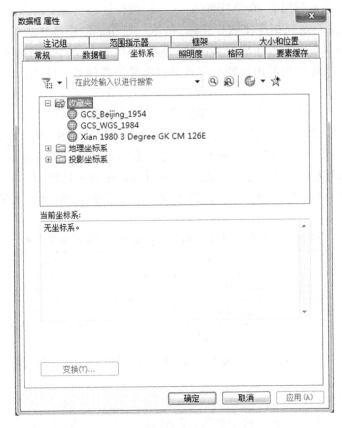

图 3 – 3 "数据框属性"对话框

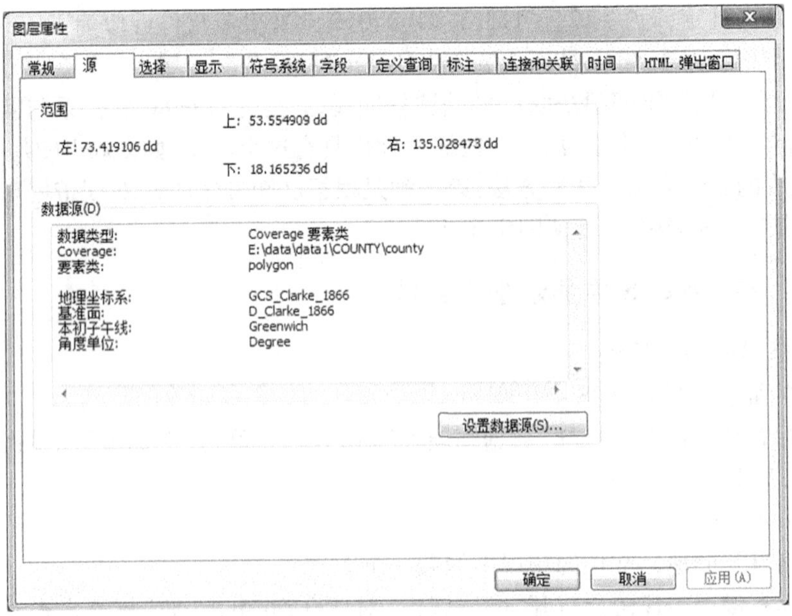

图 3 – 4 "图层属性"对话框

3. 赋予没有坐标系统的图层坐标系统

(1) 新建图层

在 ArcMap 中打开 ArcCatalog,或在左侧"目录"窗口中选择一个存放新建图层的文件,单击鼠标右键,在弹出的子菜单中选择【新建】,并在其子选项中选择要新建的图层,如图 3-5 所示。

图 3-5　新建图层

(2) 为新建的图层设置坐标系统

①在弹出的对话框(如图 3-6 所示)中单击【编辑】按钮,弹出"空间参考属性"对话框,在此对话框中即可直接从 ArcGIS 系统内置的一些坐标系统中选择坐标系统,例如选择"Shapefile",如图 3-7 所示。

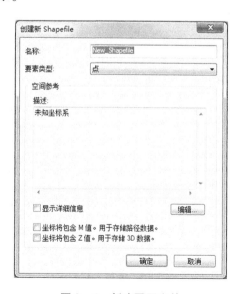

图 3-6　新建图层文件

图 3 - 7 "空间参考属性"对话框

②若要建立新的坐标系,单击【添加坐标系】按钮 🌐 ▼ 右侧的下拉菜单,弹出 3 个子菜单:新建、导入和清除,如图 3 - 8 所示。

图 3 - 8 新建坐标系

a. 新建

可以新建三种坐标系:地理坐标系、投影坐标系和未知坐标系。

（ⅰ）单击【地理坐标系】,弹出"新建地理坐标系"对话框,如图 3 - 9 所示。

图 3 - 9　"新建地理坐标系"对话框

（ⅱ）单击【投影坐标系】,弹出"新建投影坐标系"对话框,如图 3 - 10 所示。

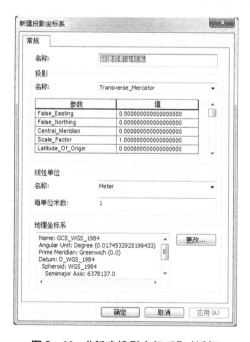

图 3 - 10　"新建投影坐标系"对话框

（ⅲ）单击【未知坐标系】，在"空间参考属性"对话框中投影坐标系的下面新增【自定义】|【Unknown】，用户可以自定义坐标系，如图 3－11 所示。

图 3－11　自定义坐标系

b. 导入

单击【添加坐标系】按钮 ⊕ ▾ 右侧的下拉菜单，单击【导入】，弹出"浏览数据集或坐标系"对话框，如图 3－12 所示。

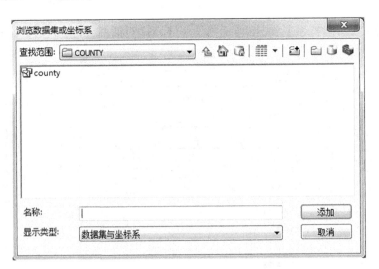

图 3－12　"浏览数据集或坐标系"对话框

在"浏览数据集或坐标系"对话框中选择要作为参考坐标系的图层存放的位置，然后单击【添加】按钮，这样就把选择的参考坐标系加到了新建的 Shapefile 中，单击【确定】就完成了对新建图层坐标系统的加载。

3.1.3　坐标系统转换

1. 栅格数据的坐标系统转换

在 ArcToolbox 中单击【数据管理工具】|【投影和变换】|【栅格】|【投影栅格】,打开"投影栅格"对话框,如图 3 – 13 所示。

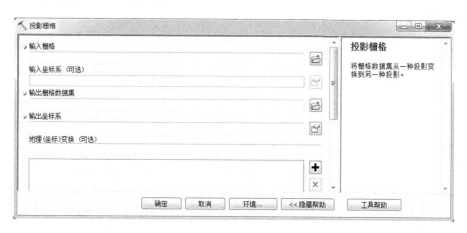

图 3 – 13　"投影栅格"对话框

在"输入栅格"文本框中选择需进行投影变换的栅格数据,在"输出栅格数据集"文本框中键入输出的栅格数据的路径和名称,单击"输出坐标系"文本框旁边的图标,打开"空间参考属性"对话框,定义输出数据的坐标系统。变换栅格数据的投影类型需要重采样数据,"地理(坐标)变换"是可选项,用以选择栅格数据在新的投影类型下的重采样方式。单击【确定】按钮,完成上述操作。

2. 矢量数据的坐标系统转换

在 ArcToolbox 中单击【数据管理工具】|【投影和变换】|【要素】|【投影】,打开"投影"对话框,如图 3 – 14 所示。

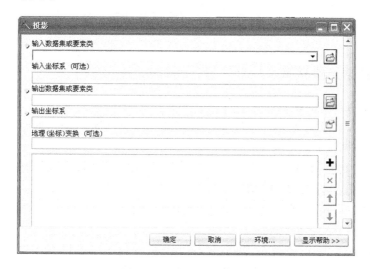

图 3 – 14　"投影"对话框

在"输入数据集或要素类"文本框中输入要改变的坐标系统的 Shapefile 数据,在"输出数据集或要素类"文本框中选择转换后数据存储的路径和名称,在"输出坐标系"文本框中选择要转换的投影类型。设置好要转换的投影后,单击【确定】按钮完成此操作。

3. 为数据定义坐标系统

在 ArcToolbox 中单击【数据管理工具】|【投影和变换】|【要素】|【定义投影】,打开"定义投影"对话框,如图 3 – 15 所示。

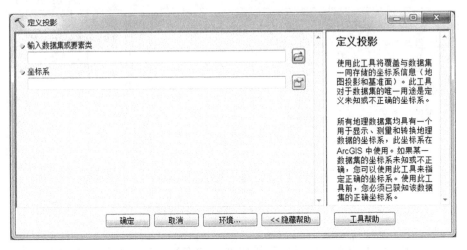

图 3 – 15　"定义投影"对话框

在"输入数据集或要素类"文本框中选择要定义坐标系统的数据,在"坐标系"文本框中输入要选择的坐标系统,单击【确定】按钮完成操作。其中,要定义的数据可以是前面介绍的栅格数据。

投影和定义投影的区别是前者可用于投影转换,后者仅用于地理坐标系的定义或地理坐标系的转换。

3.2　数　据　转　换

3.2.1　数据结构转换

1. 栅格数据向矢量数据转换

栅格数据向矢量数据转换的目的,是为了将栅格数据分析的结果通过矢量绘图装置输出,或者是为了数据压缩。

单击【转换工具】|【由栅格转出】|【栅格转面】可以实现栅格数据向矢量数据的转换,"栅格转面"对话框如图 3 – 16 所示。

其中,勾选"简化面"(默认选择)复选框可以简化面的边界。

2. 矢量数据向栅格数据转换

许多数据如行政边界、交通干线、土地利用类型、土壤类型等都是用矢量数字化的方法输入计算机或存储在计算机中的,表现为点、线、多边形数据。然而,矢量数据直接用于多数据的复合分析等处理比较复杂。相比之下,利用栅格数据进行处理则容易得多。

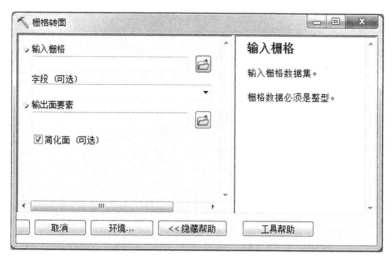

图 3 – 16　"栅格转面"对话框

单击【转换工具】|【转为栅格】|【要素转栅格】可以实现矢量数据向栅格数据的转换，"要素转栅格"对话框如图 3 – 17 所示。

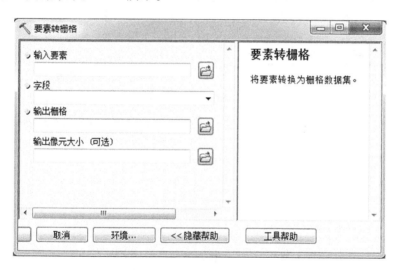

图 3 – 17　"要素转栅格"对话框

3.2.2　数据格式转换

1. CAD 数据的转换

CAD 是一种常用的数据类型，大多数的工程图、规划图都是 CAD 格式的，ArcGIS 中的要素类、Shapefile 数据都可以与 CAD 数据互相转换。

单击【转换工具】|【转为 CAD】|【要素转 CAD】工具可以实现要素向 CAD 数据的转换，如图 3 – 18 所示。

图 3 – 18　"要素转 CAD"对话框

2. CAD 转换地理数据库

单击【转换工具】|【转出至地理数据库】|【CAD 至地理数据库】可以实现 CAD 数据向地理数据库的转换,如图 3 – 19 所示。

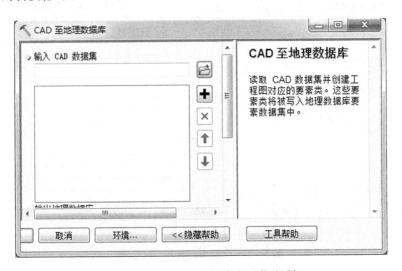

图 3 – 19　"CAD 至地理数据库"对话框

【转出至地理数据库】中的【导入 CAD 注记】可用于专门转换 CAD 中的文字注记。

3.3　使用 Georeferencing 工具配准地图

3.3.1　地图配准原理

地图配准主要用于在数字化地图前对地图进行坐标和投影的校正,以使得地图坐标点准确,地图拼接准确,如图 3 - 20 所示。

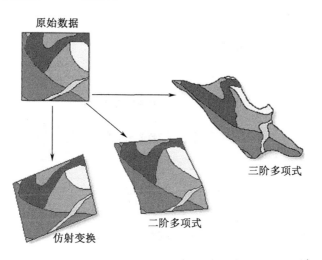

图 3 - 20　地图配准原理

3.3.2　具体操作

(1)添加地图数据(JPG 图片）,如图 3 - 21 所示。

图 3 - 21　添加地图数据

（2）在工具栏上单击鼠标右键，如图 3 – 22 所示，加载地理配准工具栏，如图 3 – 23 所示。

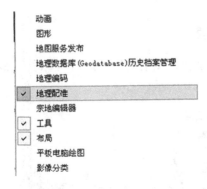

图 3 – 22　加载地理配准工具栏

图 3 – 23　地理配准工具栏

（3）单击 ⤴ 按钮添加控制点，按照一定的顺序选择控制点。

注意：每次选择控制点，需要点击两次。

（4）单击 ⊞ 按钮显示控制点列表，在控制点列表中输入所选控制点的经纬度坐标，如图3 – 24所示。

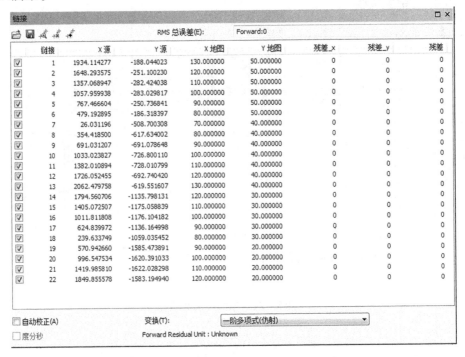

链接	X源	Y源	X地图	Y地图	残差_x	残差_y	残差
1	1934.114277	-188.044023	130.000000	50.000000	0	0	0
2	1648.293575	-251.100230	120.000000	50.000000	0	0	0
3	1357.068947	-282.424038	110.000000	50.000000	0	0	0
4	1057.959938	-283.029817	100.000000	50.000000	0	0	0
5	767.466604	-250.736841	90.000000	50.000000	0	0	0
6	479.192895	-186.318397	80.000000	50.000000	0	0	0
7	26.031196	-508.700308	70.000000	40.000000	0	0	0
8	354.418500	-617.634002	80.000000	40.000000	0	0	0
9	691.031207	-691.078648	90.000000	40.000000	0	0	0
10	1033.023827	-726.800110	100.000000	40.000000	0	0	0
11	1382.010894	-728.010799	110.000000	40.000000	0	0	0
12	1726.052455	-692.740420	120.000000	40.000000	0	0	0
13	2062.479758	-619.551607	130.000000	40.000000	0	0	0
14	1794.560706	-1135.798131	120.000000	30.000000	0	0	0
15	1405.072507	-1175.058839	110.000000	30.000000	0	0	0
16	1011.811808	-1176.104182	100.000000	30.000000	0	0	0
17	624.839972	-1136.164998	90.000000	30.000000	0	0	0
18	239.633749	-1059.035452	80.000000	30.000000	0	0	0
19	570.942660	-1585.473891	90.000000	20.000000	0	0	0
20	996.547534	-1620.391033	100.000000	20.000000	0	0	0
21	1419.985810	-1622.028298	110.000000	20.000000	0	0	0
22	1849.855578	-1583.194940	120.000000	20.000000	0	0	0

图 3 – 24　控制点列表

注意："X 地图"列应输入经度，"Y 地图"列应输入纬度。

一开始不勾选"自动校正"复选框，防止影像过度变形，难以选点。

（5）选择三阶多项式的校正方法，勾选"自动校正"复选框，最后的 RMS 总误差为 0.062 799 4，如图 3 - 25 所示。

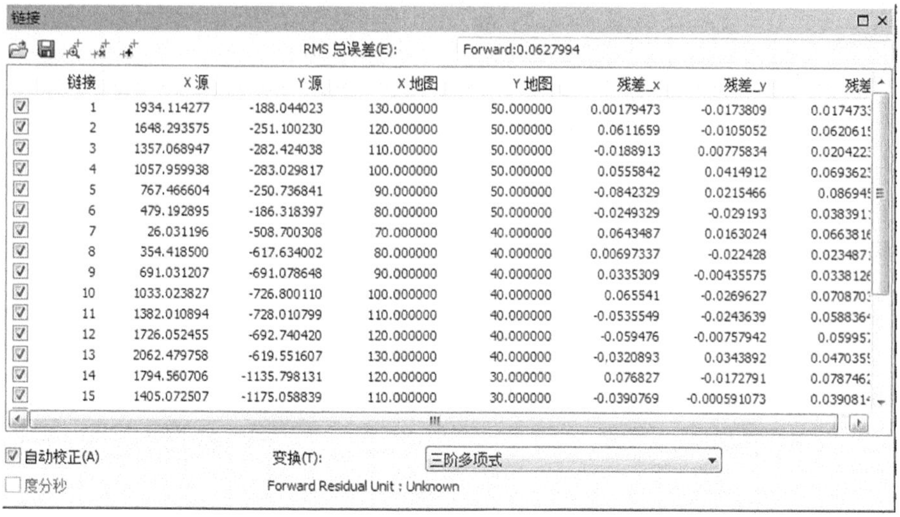

	链接	X 源	Y 源	X 地图	Y 地图	残差_x	残差_y	残差
☑	1	1934.114277	-188.044023	130.000000	50.000000	0.00179473	-0.0173809	0.017473:
☑	2	1648.293575	-251.100230	120.000000	50.000000	0.0611659	-0.0105052	0.062061!
☑	3	1357.068947	-282.424038	110.000000	50.000000	-0.0188913	0.00775834	0.020422:
☑	4	1057.959938	-283.029817	100.000000	50.000000	0.0555842	0.0414912	0.069362!
☑	5	767.466604	-250.736841	90.000000	50.000000	-0.0842329	0.0215466	0.086949!
☑	6	479.192895	-186.318397	80.000000	50.000000	-0.0249329	-0.029193	0.038391:
☑	7	26.031196	-508.700308	70.000000	40.000000	0.0643487	0.0163024	0.066381(
☑	8	354.418500	-617.634002	80.000000	40.000000	0.00697337	-0.022428	0.023487:
☑	9	691.031207	-691.078648	90.000000	40.000000	0.0335309	-0.00435575	0.033812(
☑	10	1033.023827	-726.800110	100.000000	40.000000	0.065541	-0.0269627	0.070870:
☑	11	1382.010894	-728.010799	110.000000	40.000000	-0.0535549	-0.0243639	0.058836(
☑	12	1726.052455	-692.740420	120.000000	40.000000	-0.059476	-0.00757942	0.05995!
☑	13	2062.479758	-619.551607	130.000000	40.000000	-0.0320893	0.0343892	0.047035!
☑	14	1794.560706	-1135.798131	120.000000	30.000000	0.076827	-0.0172791	0.078746:
☑	15	1405.072507	-1175.058839	110.000000	30.000000	-0.0390769	-0.000591073	0.039081+

RMS 总误差(E)：　　Forward:0.0627994

☑ 自动校正(A)　　变换(T)：　　三阶多项式

☐ 度分秒　　Forward Residual Unit : Unknown

图 3 - 25　自动校正

（6）在链接表中单击【保存】按钮，将控制点保存为 gcp. txt 文件。当再次打开此文件时，可以用【加载】按钮将控制点加载进来，而不需要重新选择控制点和建立控制点文件。

（7）经过校正处理后，其经纬网呈现正交的形式。

3.4　使用 ArcEditor 屏幕数字化

（1）在 ArcCatalog 中创建一个新的 Shapefile 文件，要素类型设为折线，如图 3 - 26 所示。

（2）新建的线文件会直接加载在 ArcMap 的内容列表中，如图 3 - 27 所示。

（3）在编辑器工具条中单击【编辑器】|【开始编辑】进行编辑，如图 3 - 28 所示。

（4）单击编辑器工具条右侧的【创建要素】按钮，弹出"创建要素"对话框，单击"构造工具"中的"线"开始采集数据，如图 3 - 29 所示。

（5）若要修改输入的线段，可选择需要修改的线段，双击线段，出现编辑折点工具栏，如图 3 - 30 所示，可以对目标线段进行编辑，如进行删除折点、添加折点等操作。

注意：数字化时，应使两两线段均有交点（这样是为了后面实现由线创建面）。

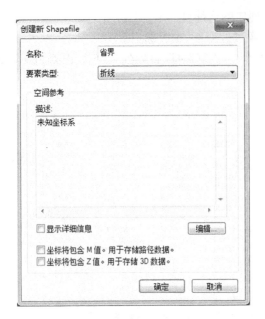

图 3-26 新建线文件

图 3-27 自动加载新建的线文件

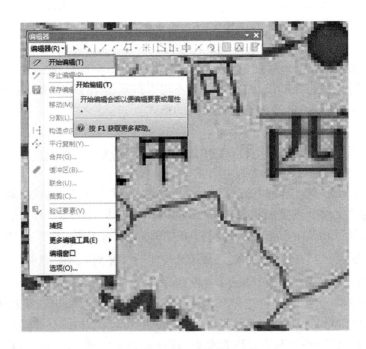

图 3-28 开始编辑

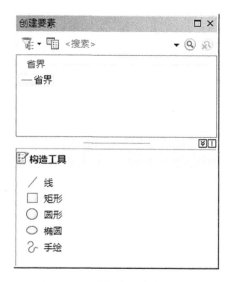

图 3 - 29　"创建要素"对话框

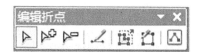

图 3 - 30　编辑折点工具栏

3.5　Geodatabase 数据库创建

（1）在 ArcCatalog 中或 ArcMap 的"目录"窗口中新建一个个人地理数据库,如图 3 - 31 所示。

图 3 - 31　新建个人地理数据库

65

（2）向 Geodatabase 中加载数据。

①选中需要加载数据的 Geodatabase 文件，单击鼠标右键，单击【要素数据集】，新建一个要素数据集，如图 3 - 32 所示。

图 3 - 32　新建要素数据集

②选中新建的要素数据集，单击鼠标右键，单击【导入】，可以向其中导入各种矢量、栅格及数据表数据文件。导入单个要素类如图 3 - 33 所示。

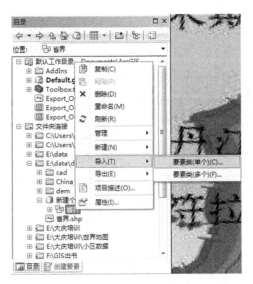

图 3 - 33　导入单个要素类

③设置相关参数,输入数据集及结果数据集的名称,如图 3 - 34 所示。

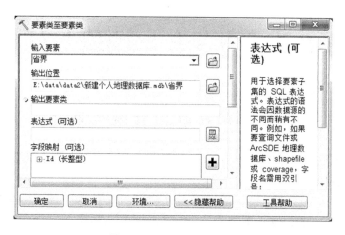

图 3 - 34　设置相关参数

(3)线数据生成面数据。

打开 ArcToolbox,单击【数据管理工具】|【要素】|【要素转面】,在"要素转面"对话框中输入需要转换的线要素,单击【确定】按钮进行转换,如图 3 - 35 所示。

图 3 - 35　"要素转面"对话框

第4章　空间数据编辑与处理

4.1　ArcMap 数据编辑基础

数据编辑是纠正数据错误的重要手段,包括对几何数据的编辑(图形编辑)和对属性数据的编辑(属性编辑)。

在 ArcMap 中,编辑操作由编辑器工具条来控制。编辑器工具条包含编辑数据所需的各种命令,可通过其启动和停止编辑会话、访问各种工具和命令以创建新要素和修改现有要素,以及保存编辑结果。编辑数据前,需要通过单击标准工具条上的【编辑器工具条】按钮来添加编辑器工具条。

该工具条有以下几个重要的控件。

(1)编辑工具:这一工具用于选择要编辑的要素。

(3)"创建要素"对话框:每次在地图上创建要素时都要用到"创建要素"对话框。可以通过单击编辑器工具条上的【创建要素】按钮打开该对话框。在"创建要素"对话框中选择某要素模板后,将基于该要素模板的属性建立编辑环境;此操作包括设置要存储新要素的目标图层、激活要素构造工具并做好为所创建要素指定默认属性的准备。为减少混乱,图层不可见时"创建要素"对话框中模板将被隐藏。

(3)"属性"对话框:"属性"对话框可显示所选要素的属性,并允许对各值进行编辑。此对话框的顶部可显示所选要素所属的图层(通过显示表达式),而对话框底部可显示该要素的属性值(包括所有相关信息和连接信息)。字段的属性和顺序反映的是"图层属性"对话框的"字段"标签中的设置。例如,如果关闭了字段的可见性、设置了字段别名或更改了字段中数字的显示方式,此类更改均会反映在"属性"对话框中。还可以将字段设置为只读,即无论拥有文件权限还是数据库权限,都只能查看而无法编辑该字段。

(5)"编辑草图属性"对话框:折点可存储除 X、Y 位置之外的其他属性。这些属性包括常用于存储有关路径测量值和高程信息的 M 值和 Z 值。使用"编辑草图属性"对话框可添加和修改这些属性。打开该对话框的方法是使用编辑工具选中要素并双击鼠标左键,然后在编辑器工具条上单击【草图属性】按钮。

4.2　图　形　编　辑

4.2.1　基本步骤

在 ArcMap 工作环境中,打开已有的地图文档或新建地图文档后,进行数据编辑一般需要经过以下 5 个步骤。

1. 加载编辑数据

单击【文件】菜单下的【添加数据】,选择需要加载的数据层。

2. 打开编辑工具

在工具栏的空白处单击鼠标右键,单击【编辑器】,出现编辑器工具条。

3. 进入编辑状态

单击编辑器下拉菜单中的【开始编辑】,使数据层进入编辑状态。

4. 执行数据编辑

在"创建要素"对话框中选中当前编辑任务的目标数据层,然后单击【编辑构造工具】对要素进行编辑。

5. 结束数据编辑

单击编辑器下拉菜单中的【停止编辑】,选择是否保存编辑结果,结束编辑。

4.2.2　编辑操作

1. 加载编辑数据

单击【文件】菜单中的【添加数据】,在 data3\Basicedit 路径下按 Shift 键加鼠标左键(或拉框)选择需要加载的数据层,如图 4-1 所示。

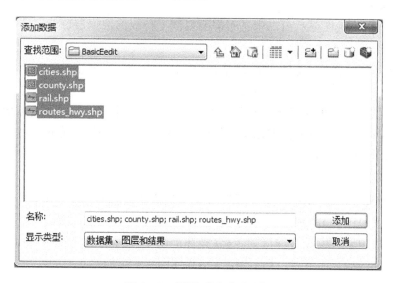

图 4-1　"添加数据"对话框

显示结果如图 4 – 2 所示

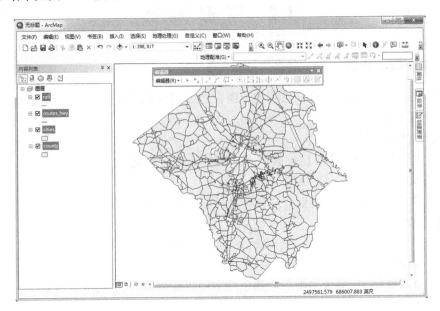

图 4 – 2　显示结果

2. 打开编辑器工具条

(1)在工具栏的空白处单击鼠标右键,单击【编辑器】,如图 4 – 3 所示,出现"编辑器"工具条,如图 4 – 4 所示。

(2)单击编辑器下拉菜单中的【开始编辑】,使数据层进入编辑状态,如图 4 – 5 所示。

3. 要素复制

(1)平行复制

单击 ▶ 按钮,在地图显示窗口中选中需要复制平行线的数据层(routes_hwy),如图 4 – 6 所示。

单击编辑器下拉菜单中的【平行复制】,如图 4 – 7 所示,弹出"平行复制"对话框,如图 4 – 8 所示。

在"平行复制"对话框中输入平行线之间的距离(按照地图单位),距离数值的正负表示要素的复制方向。单击【确定】按钮即可完成不同数据层之间平行线的复制。放大后的平行复制结果如图 4 – 9 所示。

(2)缓冲区边界生成

单击 ▶ 按钮,在地图显示窗口中选择需要复制缓冲区的数据层(线或者多边形类型),在编辑器下拉菜单中单击【缓冲】,弹出"缓冲"对话框,如图 4 – 10 所示。

在此对话框中输入生成缓冲区的距离(按照地图单位),单击【确定】按钮即可完成不同数据层之间缓冲区的复制,缓冲区边界生成结果如图 4 – 11 所示。

(3)镜面复制

单击 ▶ 按钮,在地图显示窗口中选择需要进行镜面复制的要素。

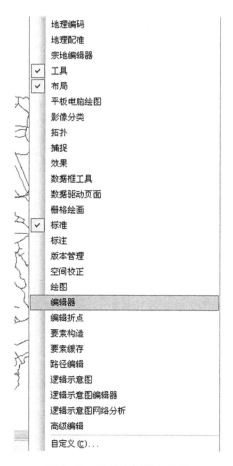

图 4 – 3　打开编辑器工具条

图 4 – 4　编辑器工具条

图 4 – 5　开始编辑

由于不常用,缺省条件下编辑器工具条中没有【镜像要素】按钮,要在【自定义】菜单中单击【自定义模式】,打开"自定义"对话框,在"命令"标签的"类别"列表框中选中【编辑器】,然后在"命令"列表框中选中【镜像要素】,把对应的图标拖放到编辑器工具条的适当位置,如图 4 – 12 所示。

选中要进行镜面复制的对象,然后单击【镜面要素】按钮,如图 4 – 13 所示。

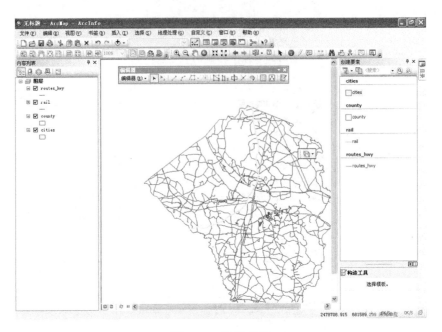

图4-6　选择要素

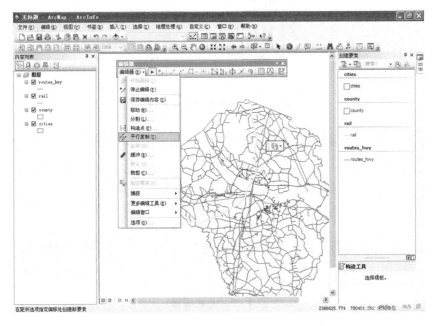

图4-7　平行复制

在地图显示窗口中定义首尾两点,确定一条中心线,所选择的要素参照定义的中心线对称复制,图4-14为镜面复制结果。

图 4 - 8　"平行复制"对话框

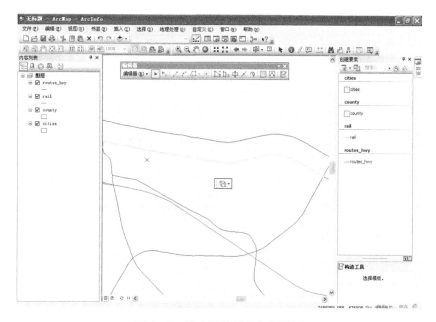

图 4 - 9　放大后的平行复制结果

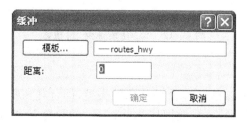

图 4 - 10　"缓冲"对话框

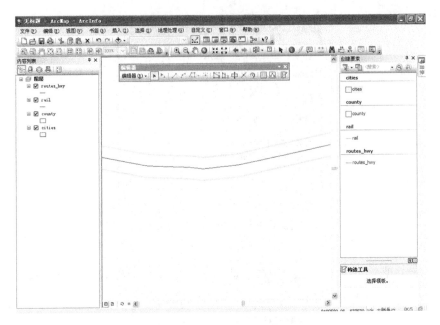

图4-11　缓冲区边界生成结果

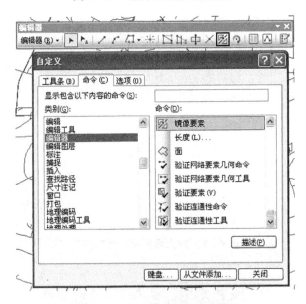

图4-12　添加【镜像要素】按钮

4.要素合并

ArcMap 中的要素合并操作可以概括为两种类型,即合并和联合。合并和联合可以在同一个数据层中进行,也可在不同的数据层之间进行,参与合并和联合的要素可以是相邻要素,也可以是分离要素。只有相同类型的要素才可以合并和联合。

（1）合并操作

合并操作可以完成同层要素空间合并,无论要素相邻还是分离,都可以合并生成一个新要素,新要素一旦生成,原来的要素就被自动删除。合并操作必须在同一图层进行。如果选择不同图层的要素进行合并操作,会出现如图4-15所示的信息提示。

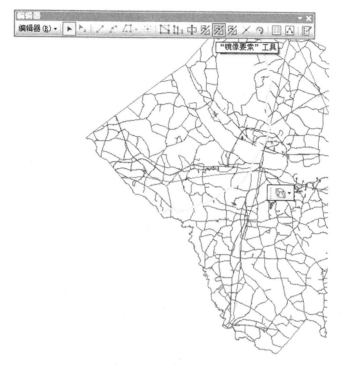

图 4 – 13　选择要素

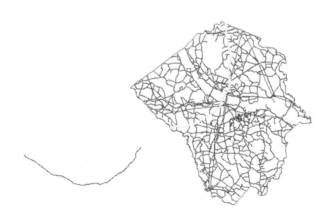

图 4 – 14　镜面复制结果

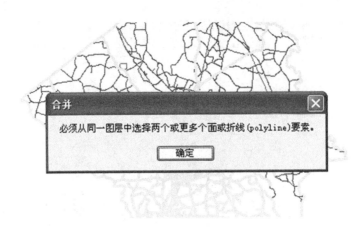

图4-15　信息提示

其具体操作如下。

①单击 ▶ 按钮,在地图显示窗口的同一图层中选择需要合并的要素,单击编辑器下拉菜单中的【合并】,打开"合并"对话框,如图4-16所示。

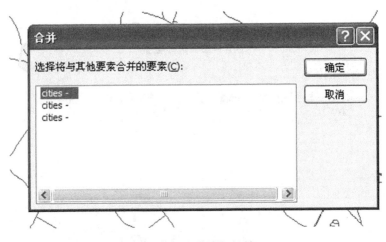

图4-16　"合并"对话框

②"合并"对话框中列出了所有参加合并的要素,选中其中一个要素,单击【确定】按钮。合并操作自动将被选中要素的属性赋给合并后的新要素。合并的结果如图4-17所示。

（2）联合操作

联合操作可以完成不同层要素空间合并,无论要素相邻还是分离,都可以合并生成一个新要素。其具体操作如下。

单击 ▶ 按钮,在地图显示窗口中选择需要合并的要素（来自不同的数据层）,在编辑器下拉菜单中单击【联合】,选中联合后的新要素所属的目标数据层,所选择的要素被合并生成一个新要素,如图4-18、图4-19和图4-20所示。

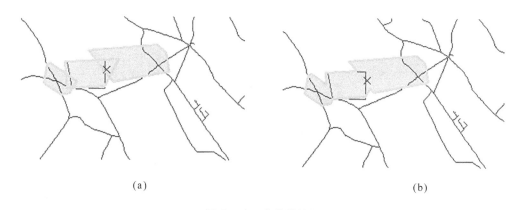

(a) (b)

图 4 – 17　合并的结果

(a)合并前;(b)合并后

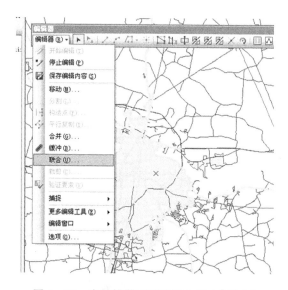

图 4 – 18　在编辑器下拉菜单中单击【联合】

5. 要素分割

使用 ArcMap 要素编辑工具可以分割线要素和多边形要素:对线要素可以任意定义一点进行分割,也可以在离开线的起点或终点一定的距离处分割,或是按照线要素长度百分比进行分割,分割后线要素的属性值与分割前要素的属性值相同。

(1)任意分割线要素

单击 ▶ 按钮,在地图显示窗口中选择需要分割的线要素,如图 4 – 21 所示。

图 4 – 19　联合参数设置

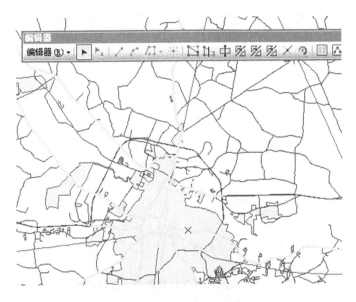

图 4 – 20　联合的结果

　　单击编辑器工具条中的 ✏ 按钮,在线要素上任意选择分割点,单击左键,线要素按照分割点分成两段,可通过 ▶ 按钮把该线要素拉开查看,如图 4 – 22 所示。

　　(2)按长度分割线要素

　　单击 ▶ 按钮,在地图显示窗口中选择需要分割的线要素,如图 4 – 23 所示。

　　在编辑器下拉菜单中单击【分割】,打开"分割"对话框,如图 4 – 24 所示。

　　"线长度"文本框中显示的是所选线要素的长度,在"分割选项"中可以选择按长度分割线要素的方式,一种是按照长度距离分割,另一种是按照长度比例分割。在"方向"中可以选择是从线要素的起点计算距离,还是从线要素的终点计算距离。单击【确定】按钮,线要素按照确定或者计算的分割点分成几段,如图 4 – 25 所示。

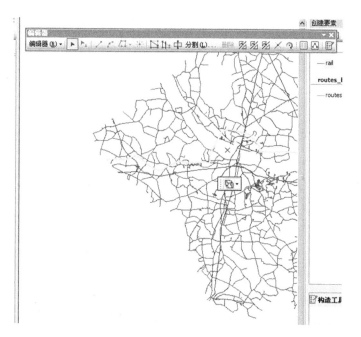

图 4 - 21　选择需要分割的线要素

图 4 - 22　分割结果

图 4 – 23   选择需要分割的线要素

图 4 – 24   "分割"对话框

图 4 - 25　分割结果

6. 要素的变形与缩放

（1）要素变形操作

线要素和多边形要素的变形操作都是通过绘制草图来完成的。在对线要素进行变形操作时，草图线要与线要素相交，且草图线的两个端点应该位于线要素的一侧。而对多边形进行变形操作时，如果草图线的两个端点位于多边形内，多边形将增加一块草图面积；如果草图线的两个端点位于多边形外，多边形将被裁剪一块草图面积。

首先，单击 ▶ 按钮，在地图显示窗口中选中需要变形的要素（线或多边形），然后在编辑器工具条中单击【修整要素工具】按钮，如图 4 - 26 所示。

图 4 - 26　单击【修整要素工具】按钮

在地图显示窗口中绘制一条草图线，双击鼠标左键（或单击鼠标右键，单击【完成草图】；或按 F2 键），被选中要素就会按照草图线与原图的关系发生变形，如图 4 - 27 和图 4 - 28 所示。

（2）要素缩放操作

①添加缩放工具按钮

单击 ArcMap 主菜单栏中的【自定义】，在下拉菜单中单击【自定义模式】，如图 4 - 29 所示，打开"自定义"对话框。

在"自定义"对话框中单击"命令"标签，在"类别"列表框中选中"编辑器"，在"命令"列表框中选中"比例"，如图 4 - 30 所示，将其拖放到编辑器工具条中，如图 4 - 31 所示，关闭"自定义"对话框。

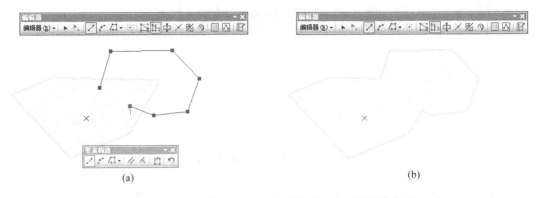

(a)

(b)

图 4 – 27　草图线的两个端点位于多边形内时的要素变形

(a)修整前;(b)修整后

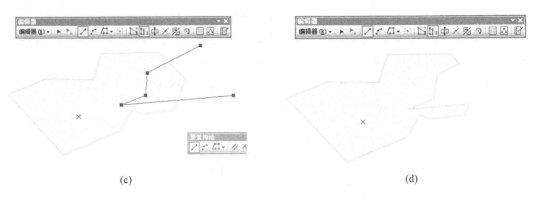

(c)

(d)

图 4 – 28　草图线的两个端点位于多边形外时的要素变形

(a)修整前;(b)修整后

图 4 – 29　【自定义】下拉菜单

②执行要素缩放操作

单击 ▶ 按钮,在地图显示窗口中选中需要缩放的要素(可以多选),单击 按钮,根据需要移动要素选择锚位置,在要素上按住鼠标左键拖放到想要缩放的尺寸,释放左键,完成要素缩放,如图 4 – 32 所示。

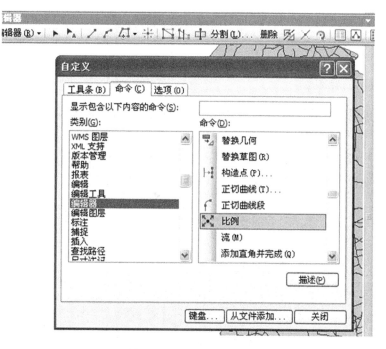

图 4 – 30 "自定义"对话框

图 4 – 31 添加【比例】按钮

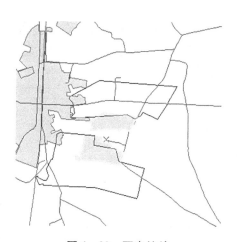

图 4 – 32 要素缩放

4.3 属 性 编 辑

4.3.1 属性表编辑

属性编辑包括对单要素或多要素属性进行的添加、删除、修改、复制或粘贴等多种编辑操作,通常有以下两种方式。

(1)单击 ▶ 按钮,在地图显示窗口中选中需要编辑属性的要素(可以多选),单击鼠标右键,再单击【属性】,打开"属性"对话框,如图4-33和图4-34所示。

图4-33 编辑要素属性

图4-34 "属性"对话框

在"属性"对话框中,上窗口显示被选中的要素,下窗口显示属性字段(FID、AREA、COUNTY_ID)及属性值。单击下窗口右侧的属性值数值,可修改属性值。

(2)在 ArcMap 视图中,鼠标右键单击需要进行属性编辑的数据层,单击【打开属性表】,如图 4 - 35 所示。

图 4 - 35　打开属性表

属性表如图 4 - 36 所示。

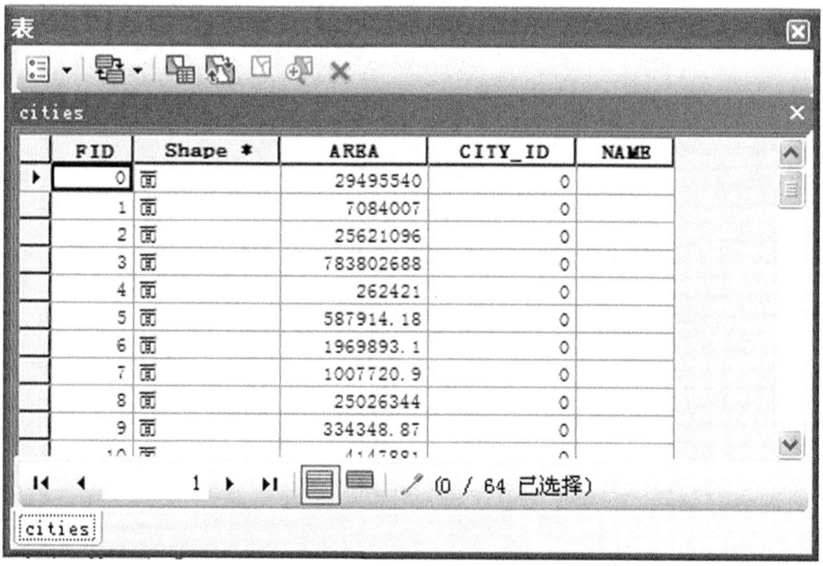

图 4 - 36　属性表

单击【表选项】按钮,如图 4 - 37 所示,可以进行关联表和属性表导出等操作。

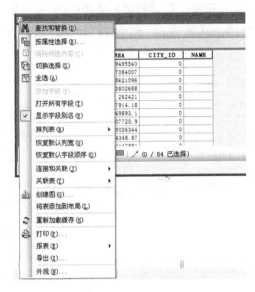

图 4 - 37　表选项

4.3.2　属性表操作

表格是由行和列组成的数据库组件。表格存储在 Microsoft Access、dBASE、Oracle 和 Microsoft SQL Server 等数据库中。在 ArcGIS 中,表格信息一般都与空间信息相关,比如要素属性表。不过 ArcGIS 中表格信息也可以与空间数据相独立,比如非空间统计数据。因此,可以认为表格中的信息与空间数据相关或者无关。

要素属性表中包括了要素类中要素的描述信息,如图 4 - 38 所示。打开要素属性表的方法是在 ArcMap 中选中一个图层,单击鼠标右键,单击【打开属性表】。也可以在 ArcCatalog 中选中表格,使用表格浏览方式。要素属性表包含了很多字段,每个字段表示一个专题信息,每一行表达了要素类中的一个要素及其所有属性。

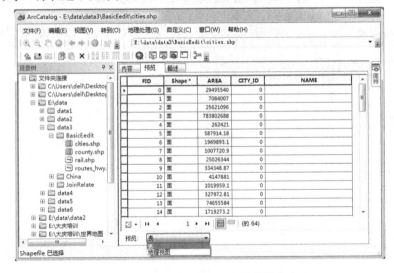

图 4 - 38　ArcCatalog 中的属性表

4.3.3　表格中行列的操作

在 ArcMap 和 ArcCatalog 的表格中可以进行选择、查找、冻结等操作。在 ArcCatalog 中,可以创建一个新的表格,并在这个表格中创建字段或者删除字段。而在 ArcMap 中,可以编辑表格中的属性值。

1. 对列的操作

(1)调整表中列的位置

单击列的标题,按住并将其拖动到新的位置,红线会指示将列放在哪个位置,在想要放置的位置放下列,如图 4 – 39 所示。

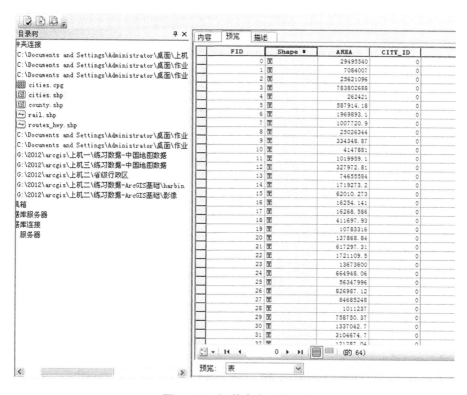

图 4 – 39　调整表中列的位置

(2)冻结列

冻结列主要是为了使列始终显示在当前窗口中。在想要冻结的列的标题上单击鼠标右键,单击【冻结/取消冻结】,如图 4 – 40 所示。

(3)隐藏列

按住并拖动列的一边到另一边即可隐藏列,只需双击即可使它再次显示出来。

2. 对记录进行排序

对记录进行排序时,可在用于排序的列的标题上单击鼠标右键,选择按照升序或是降序进行排列,如图 4 – 41 所示。

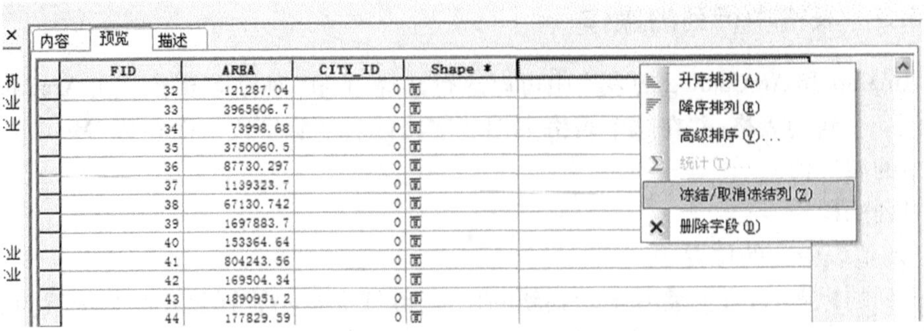

图 4 - 40　冻结列

图 4 - 41　对记录进行排序

3. 属性表行定位操作

此 操 作 主 要 通 过 位 于 属 性 表 下 方 的 几 个 记 录 选 择 按 钮 ◄◄ ◄ 　 0 ► ►► ▢ ▢ (0 / 64 已选择) 完成。可以从当前行出发前进 ► 或后退 ◄ 定位,也可以直接定位到第一行 ◄◄ 或最后一行 ►► ,还可以通过输入行号进行定位。

4. 属性表的查询和检索

(1)属性表的查询

①在属性表左上角下拉列表中单击【查找和替换】,如图 4 - 42 所示。

②在"查找内容"文本框中输入要查找的文本,如图 4 - 43 所示。

③在"文本匹配"下拉列表框中选择字符匹配规则:任何部分、整个字段、字段的开始。

④在"搜索"下拉列表框中选择字符匹配范围:向上、向下、全部。

⑤对于字符查询,勾选"区分大小写"复选框。

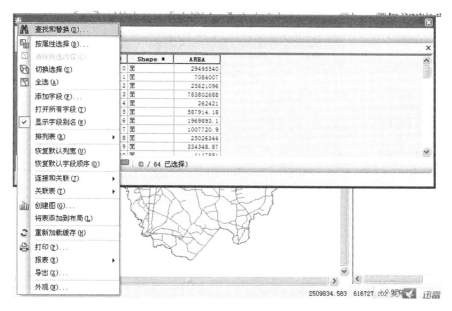

图 4 - 42　单击【查找和替换】

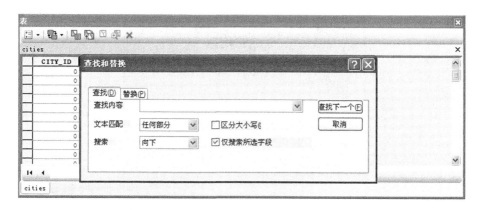

图 4 - 43　输入要查找的文本

⑥如果想要只在选中记录中查询,则勾选"仅搜索所选字段"复选框。

⑦单击【查找下一个】。

⑧如果继续查找,再次单击【查找下一个】。

(2)属性表的检索

①在属性表左上角下拉列表中单击【按属性选择】,打开"按属性选择"对话框,如图 4 - 44和图 4 - 45 所示。

这里以查询面积大于某一值为例说明按属性进行检索的方法。

①在"方法"框中选择"创建新选择内容"。

②在列表框中选中"AREA"。

③单击【获取唯一值】按钮,列表框中会列出 AREA 的所有属性值。

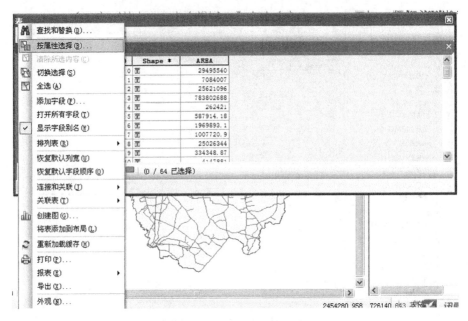

图 4 - 44　单击【按属性选择】

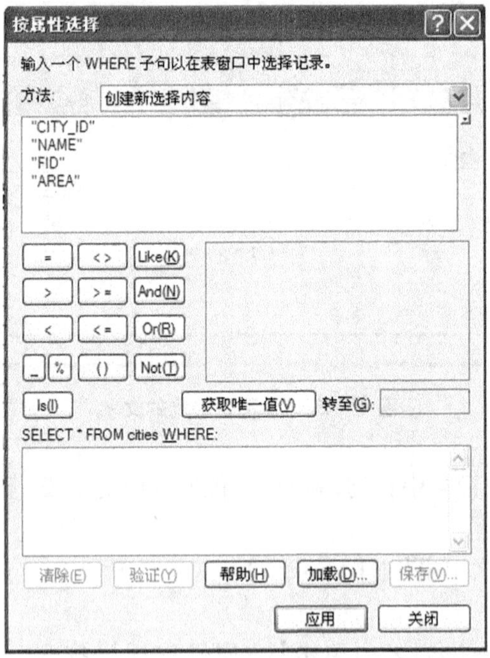

图 4 - 45　"按属性选择"对话框

④双击"AREA",单击【>=】按钮,双击选中一个面积值,如"41511.828",如图 4-46 所示。

图 4-46　设定检索条件

⑤单击【验证】按钮,检验逻辑表达式的正确性。

⑥单击【应用】按钮,符合条件的记录被选中并高亮显示,如图 4-47 所示。

图 4-47　检索结果

4.3.4　表格的连接和关联

如果两个表格中有相同的属性值字段,这两个表格就能关联起来。每个表格都至少有一个字段称为主关键字,它满足行唯一性。即使在其他的属性字段中有相同的值,其主关键字也必须保证每一行是唯一的。行的唯一性对连接两个表格是十分重要的。只有这样,才能准确地匹配记录。

ArcMap 提供了两种方法建立两个表格之间的联系:连接和关联。当对两个表格进行连接时,实际上是按照公共字段在一个表格中追加另外一个表格的属性。而关联则定义了两个表格之间的联系,它也是基于公共字段的。

可以在 ArcMap 中将两个属性表连接起来。连接可以对 Shapefile、Coverage、Geodatabase 文件操作。在 ArcMap 中进行连接时,公共字段的名称不必相同。在 ArcMap"连接"对话框中可以选择要匹配的公共字段,字段类型的定义必须相同。在 ArcMap 中,采用"连接"连接起来的表格可以随时设置或取消连接。应该注意的是,表格连接仅适用于一对一或多对一的关系。如果在一对多或者多对多对应关系中使用连接,将会丢失每一个主关键字第一个匹配后的所有记录。

另外一种把表格联系起来的方法是关联。它与连接相同的是两个表格必须具有一个类型定义相同的公共字段,所不同的是它并不把一个表格中的字段追加到另外一个表格中去,两者仍旧保持独立。ArcMap 能够关联两个表,并且分别在两个表中获得关联的记录。关联处理的对应关系是一对多和多对多。需要单独维护相关表的信息时也使用关联。

下面结合实例具体介绍一下连接的操作。

(1)在 ArcMap 中打开数据"wp. shp"(具体路径为 data3 \ JoinRelate),如图 4 - 48 所示。

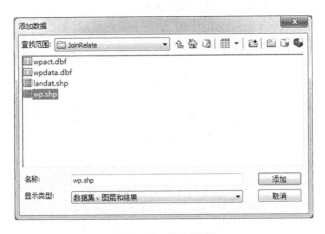

图 4 - 48　添加数据

(2)鼠标指针放在"wp. shp"数据层上单击鼠标右键,打开数据层操作快捷菜单,单击【连接和关联】,如图 4 - 49 所示。

(3)单击【连接】后,弹出"连接数据"对话框,如图 4 - 50 所示。

(4)在"要将哪些内容连接到该图层"下拉列表框中选择【表的连接属性】。

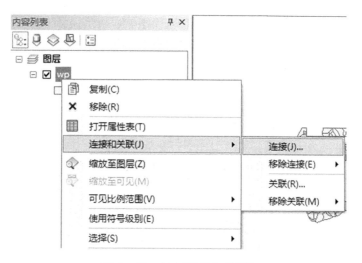

图 4 - 49　点击【连接和关联】

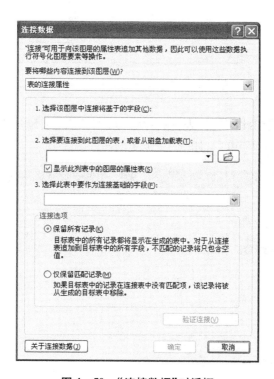

图 4 - 50　"连接数据"对话框

（5）在"选择该图层中连接将基于的字段"下拉列表框中选择用于连接的公共字段"ID"，如图 4 - 51 所示。

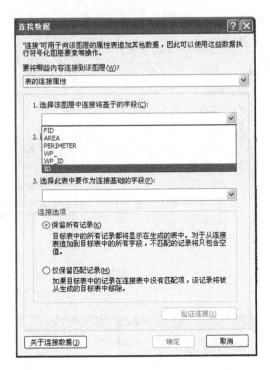

图 4 – 51　选择用于连接的公共字段

(6)在"选择要连接到此图层的表,或者从磁盘加载表"下拉列表框中选择被连接的数据库或属性表,例如"wpdata. dbf",如图 4 – 52 所示。

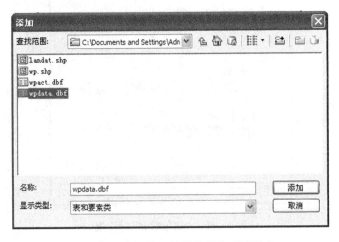

图 4 – 52　选择被连接的数据库或属性表

(7)在"选择此表中要作为连接基础的字段"下拉列表框中选择被连接属性表公共字段,例如"ID",如图 4 – 53 所示。

(8)设置连接选项,"保留所有记录"或"仅保留匹配记录",如图 4 – 54 所示。

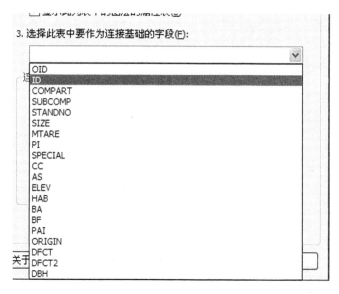

图 4 - 53　选择被连接属性表公共字段

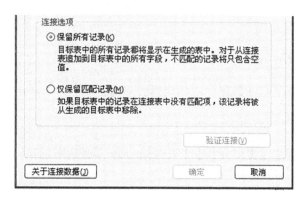

图 4 - 54　设置连接选项

（9）单击【确定】按钮（执行数据连接，生成新的数据库）。图 4 - 55 和 4 - 56 分别为连接前后的数据层属性表，可见连接后的数据层属性表在原数据层的属性字段基础上增加了新表"wpdata. dbf"中的若干字段。

FID	Shape*	AREA	PERIMETER	WP_	WP_ID	ID
0	Polygon	17129.42	581.2523	2	4402019	4402019
1	Polygon	211477.1	2349.976	3	4402010	4402010
2	Polygon	89729	1424.091	4	4402034	4402034
3	Polygon	228830.9	2491.688	5	4402014	4402014
4	Polygon	442347	3512.492	6	4402011	4402011
5	Polygon	115347.4	1538.871	7	4402013	4402013
6	Polygon	48176.11	1202.294	8	4402033	4402033
7	Polygon	60850.89	1339.624	9	4402012	4402012
8	Polygon	86939.5	1272.07	10	4402030	4402030
9	Polygon	103699	2133.491	11	4402029	4402029
10	Polygon	52654.94	1017.207	12	4402002	4402002
11	Polygon	40405.2	1028.957	13	4402032	4402032
12	Polygon	100916.4	1575.385	14	4402001	4402001
13	Polygon	125557.8	1525.012	15	4402027	4402027
14	Polygon	199972.2	2581.353	16	4402004	4402004
15	Polygon	50517.5	917.9775	17	4402024	4402024

图 4 - 55　连接前的数据层属性表

wp.WP_	wp.WP_ID	wp.ID	wpdata.OID	wpdata.ID	wpdata.COMPART	wpdata.SUBCOMP	wpdata.STAN
2	4402019	4402019	1	4402019	44	2	
3	4402010	4402010	2	4402010	44	2	
4	4402034	4402034	3	4402034	44	2	
5	4402014	4402014	4	4402014	44	2	
6	4402011	4402011	5	4402011	44	2	
7	4402013	4402013	6	4402013	44	2	
8	4402033	4402033	7	4402033	44	2	
9	4402012	4402012	8	4402012	44	2	
10	4402030	4402030	9	4402030	44	2	
11	4402029	4402029	10	4402029	44	2	
12	4402002	4402002	11	4402002	44	2	
13	4402032	4402032	12	4402032	44	2	
14	4402001	4402001	13	4402001	44	2	
15	4402027	4402027	14	4402027	44	2	
16	4402004	4402004	15	4402004	44	2	

图 4 – 56　连接后的数据属性表

4.4　数 据 处 理

在实际应用研究中,根据研究区域的特点,首先需要对空间数据进行处理,如进行裁切、拼接、提取等操作,以便获取需要的数据。借助 ArcToolbox 中的工具可以进行多种空间数据处理。

4.4.1　数据裁切

数据裁切是指从整个空间数据中裁切出部分区域,以便获取真正需要的数据作为研究区域。

1. 矢量数据的裁切

(1)单击【分析工具】|【提取分析】|【裁剪】,打开"裁剪"对话框,如图 4 – 57 所示。

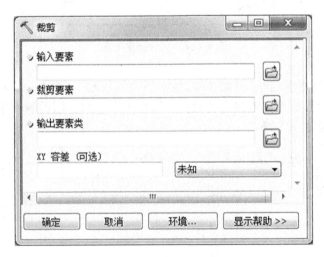

图 4 – 57　"裁剪"对话框

(2)在"输入要素"文本框中选择需要裁切的矢量数据。

(3)在"裁剪要素"文本框中浏览确定用来进行裁切的矢量范围。

(4)在"输出要素类"文本框中输入输出数据的路径与名称。

（5）"XY 容差"是可选项,用于确定容差的大小。

（6）单击【确定】按钮,完成操作。

该命令同样适用于地理数据库中的要素类数据。

2. 栅格数据的裁切

栅格数据的裁切有多种方法,如用圆形、点、多边形、矩形裁切,以及利用现有数据裁切。下面以用矩形和现有数据裁切栅格数据为例进行说明,其他几种裁切操作与之类似。最常用的栅格数据裁切方法是利用现有栅格或矢量数据裁切栅格数据。

（1）用矩形裁切

①单击【Spatial Analyst 工具】|【提取分析】|【按矩形提取】,打开"按矩形提取"对话框,如图 4－58 所示。

图 4－58　"按矩形提取"对话框

②在"输入栅格"文本框中选择需要裁切的栅格数据。

③在"范围"下拉列表框中浏览确定用来进行裁切的矩形数据。

④在"输出栅格"文本框中输入输出数据的路径与名称。

⑤"提取区域"是可选项,定义裁切矩形内部还是外部的数据。

⑥单击【确定】按钮,完成操作。

（2）利用现有数据裁切

①单击【Spatial Analyst 工具】|【提取分析】|【按掩膜提取】,打开"按掩膜提取"对话框,如图 4－59 所示。

②在"输入栅格"文本框中选择需要裁切的栅格数据。

③在"输入栅格数据或要素掩膜数据"文本框中定义用以裁切的栅格或矢量数据。

④在"输出栅格"文本框中输入输出数据的路径与名称。

⑤单击【确定】按钮,完成操作。

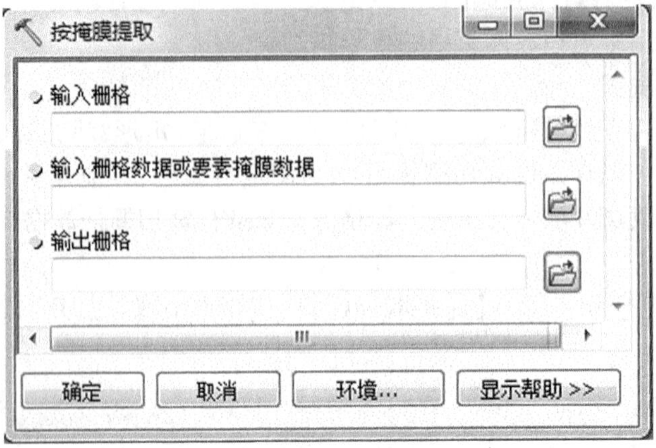

图 4 - 59 "按掩膜提取"对话框

4.4.2 数据拼接

数据拼接是指将空间相邻的数据拼接为一个完整的目标数据。因为研究区域可能是一个非常大的范围,跨越若干相邻数据,而空间数据是分幅存储的,所以要对这些相邻的数据进行拼接。拼接的前提是矢量数据经过了严格的接边,利用空间校正工具可完成数据接边处理。数据拼接是空间数据处理的重要环节,也是地理信息系统空间数据分析中经常需要进行的操作。

1. 矢量数据的拼接

(1)单击【数据管理工具】|【常规】|【合并】,打开"合并"对话框,如图 4 - 60 所示。

图 4 - 60 "合并"对话框

（2）在"输入数据集"文本框中选择输入的数据，可选择多个数据。

（3）在"输出数据集"文本框中浏览确定某一存在的目标数据，执行操作后，该数据将包含添加的数据。

（4）单击【确定】按钮，完成操作。

该命令同样适用于地理数据库中的要素类数据。

2. 栅格数据的拼接

（1）单击【数据管理工具】|【栅格】|【栅格数据集】|【镶嵌至新栅格】，打开"镶嵌至新栅格"对话框，如图 4 - 61 所示。

图 4 - 61　"镶嵌至新栅格"对话框

（2）在"输入栅格"文本框中选择进行拼接的数据，其下的窗口中列出了已添加的数据。

（3）在"输出位置"文本框中输入输出数据的存储位置。

（4）在"具有扩展名的栅格数据集名称"文本框中设置输出数据的名称。

（5）在"像元大小（可选）"文本框中可设置输出数据的栅格大小。

（6）在"像素类型（可选）"下拉列表框中可设置输出数据的栅格类型，如 8_bit_SIGNED、16_bit_UNSIGNED 等。

（7）在"栅格数据的空间参考（可选）"文本框中可为输出的数据定义投影。

（8）在"波段数"文本框中可设置输出数据的波段数。

（9）"镶嵌运算符（可选）"用于确定镶嵌重叠部分的方法，如默认状态"LAST"，表示重叠部分的栅格值取输入栅格窗口列表的最后一个数据的栅格值。

（10）"镶嵌色彩映射表模式（可选）"用于确定输出数据的色彩模式。默认状态下各输入数据的色彩将保持不变。

（11）单击【确定】按钮，完成操作。

4.4.3 数据提取

数据提取是指从已有数据中，根据属性表内容选择符合条件的数据，构成新的数据层。可以通过设置 SQL 表达式进行条件选择。

1. 矢量数据的提取

（1）单击【分析工具】|【提取分析】|【筛选】，打开"筛选"对话框，如图 4 −62 所示。

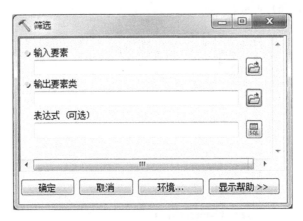

图 4 −62 "筛选"对话框

（2）在"输入要素"文本框中选择输入的矢量数据。

（3）在"输出要素类"文本框中输入输出数据的路径与名称。

（4）单击"表达式（可选）"文本框旁边的 ![SQL] 按钮，打开"查询构建器"对话框，设置 SQL 表达式，如图 4 −63 所示。

（5）单击【确定】按钮，完成操作。

2. 栅格数据的提取

（1）单击【Spatial Analyst 工具】|【提取分析】|【按属性提取】，打开"按属性提取"对话框，如图 4 −64 所示。因为该功能是依据数据的属性进行提取的，所以适用于具有属性表的栅格数据。

（2）在"输入栅格"文本框中选择输入的栅格数据。

（3）单击"Where 子句"文本框旁边的 ![SQL] 按钮，打开"查询构建器"对话框，设置 SQL 表达式。

（4）在"输出栅格"文本框中输入输出的数据的路径与名称。

（5）单击【确定】按钮，完成操作。

图 4 – 63　"查询构建器"对话框

图 4 – 64　"按属性提取"对话框

4.5　数据编辑与处理实例

4.5.1　实验背景

由于空间数据(包括地形图与 DEM)都是分幅存储的,而某一特定研究区域常常跨越不同图幅,当要获取有特定边界的研究区域时,就要对数据进行裁切、拼接、提取等操作,有时还要进行相应的投影变换。

某县跨两个 1∶25 万图幅,要求提取出某县行政范围内的 DEM 数据,将数据转换成高斯–克吕格投影系统的数据。

现有实验数据如下。

(1)矢量数据(Vector. shp):此为研究区的行政范围,其地理坐标系统的大地基准面是 D_North_American_1927,参考椭球体是 Clarke 1866。

(2)DEM 数据(dem1 和 dem2):此为地理坐标系统,大地基准面是 D_Krasovsky_1940,参考椭球体是 Krasovsky_1940。

操作流程图如图 4 – 65 所示。

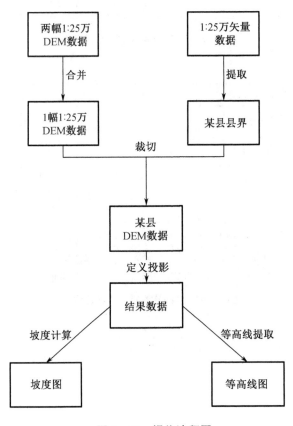

图 4 – 65　操作流程图

4.5.2　实验步骤

1. 某县行政范围的提取

加载原始数据,直接打开地图文档,如图 4 - 66 所示。

图 4 - 66　加载原始数据

依据"name"字段,提取出某县行政范围。

(1)单击【分析工具】|【提取分析】|【筛选】,打开"筛选"对话框。

(2)在"输入要素"文本框中选择"Vector. shp"。

(3)在"输出要素类"文本框中输入输出数据的路径与名称。

(4)单击"表达式(可选)"文本框旁边的 ⊞SQL 按钮,打开"查询构建器"对话框,设置 SQL 表达式""NAME" = "白水县"",如图 4 - 67 所示。

(5)单击【确定】按钮,完成操作,如图 4 - 68 所示。

2. DEM 数据拼接

(1)加载横跨某县的两幅 DEM 数据"dem1"和"dem2",如图 4 - 69 所示。

(2)DEM 数据拼接。

①单击【数据管理工具】|【栅格】|【栅格数据集】|【镶嵌至新栅格】,打开"镶嵌至新栅格"对话框。

②在"输入栅格"文本框中选择"dem1"和"dem2"。

③在"输出位置"文本框中输入输出数据的存储位置。

④在"具有扩展名的栅格数据集名称"文本框中设置输出数据的名称"DEM"。

⑤在"像素类型(可选)"下拉列表框中,设置输出数据栅格的类型为"16 _ bit _ UNSIGNED"。

⑥在"波段数"文本框中输入"1"。

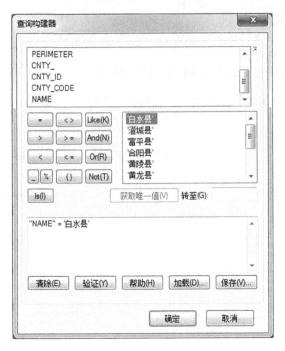

图 4 – 67 设置 SQL 表达式

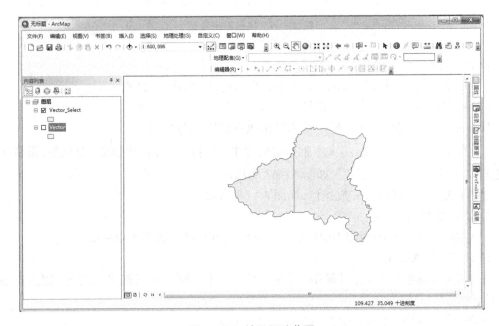

图 4 – 68 某县行政范围

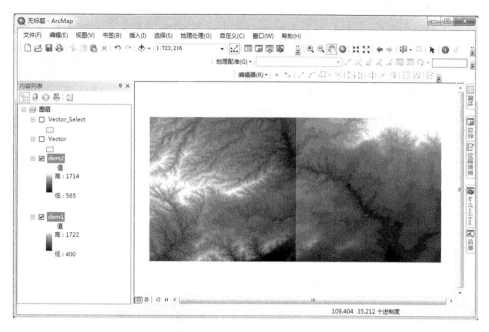

图 4 – 69　加载 DEM 数据

⑦在"镶嵌运算符(可选)"下拉列表中确定镶嵌重叠部分的方法,本次拼接方法选择"MEAN",表示重叠部分的结果数据取重叠栅格的平均值。

⑧单击【确定】按钮,完成操作,拼接结果如图 4 – 70 所示。

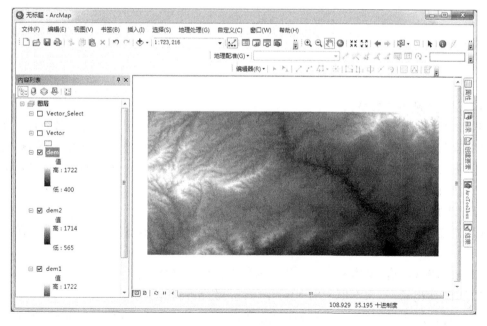

图 4 – 70　拼接结果

3. 利用某县行政范围对 DEM 进行裁切

（1）单击【Spatial Analyst 工具】|【提取分析】|【按掩膜提取】，打开"按掩膜提取"对话框。

（2）在"输入栅格"文本框中选择需要裁切的栅格数据。

（3）在"输入栅格数据或要素掩膜数据"文本框中定义用以裁切的数据。

（4）在"输出栅格"文本框中输入输出数据的路径与名称。

（5）单击【确定】按钮，完成操作，裁切结果如图 4－71 所示。

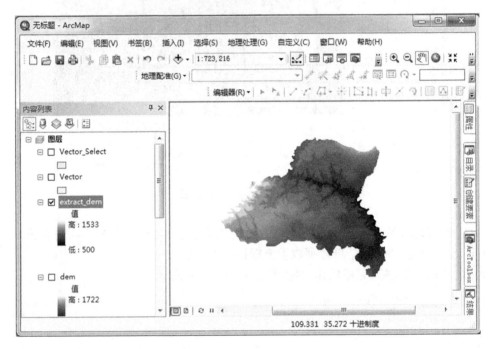

图 4－71　裁切成果

4. 某县 DEM 的投影变换

此时，某县 DEM 是以地理坐标系统显示的，为了便于量算及与其他数据叠合分析，需把地理坐标系统转换为投影坐标系统。我国大中比例尺地形图规定采用以克拉索夫斯基椭球体元素计算的高斯－克吕格投影。因此，投影方式选择 Xian 1980 GK Zone 19. prj，即为高斯克吕格投影，西安 80 大地基准，中央经线为 111°。

操作步骤如下。

（1）单击【数据管理工具】|【投影和变换】|【栅格】|【投影栅格】，打开"投影栅格"对话框。

（2）在"输入栅格"文本框中选择进行投影变换的栅格数据。

（3）在"输出栅格"文本框中输入输出的栅格数据的路径与名称。

（4）单击"输出坐标系"文本框旁边的图标，打开"空间参考属性"对话框，单击【投影坐标系】|【Gauss Kruger】|【Xian 1980】|【Xian 1980 GK Zone 19】，选择 Xian_1980_GK_Zone_19. prj 投影，如图 4－72 所示。

图 4 - 72　投影坐标系选择

（5）"重采样技术"用于选择栅格数据在新投影类型下的重采样方式,选择"NEAREST"。

（6）单击【确定】按钮,完成操作。

第5章　数据显示与地图编制

5.1　ArcMap 数据符号化

5.1.1　数据符号化

符号化有两个含义:在地图设计工作中,地图数据的符号化是指利用符号将连续的数据进行分类、分级、概括化、抽象化的过程;而在数字地图转换为模拟地图的过程中,地图数据的符号化是指将已处理好的矢量地图数据恢复成连续图形,并附之以不同符号表示的过程。本书所讲的符号化指的是后者。

符号化的原则是按实际形状确定地图符号的基本形状,以符号的颜色或者形状区分事物的性质。例如,用点、线、面符号表示呈点、线、面分布特征的交通要素,点表示建筑或特定地点,线表示公路和铁路,面表示地区。

一般来说,符号化方法可分为以下几类:单一符号、分类符号、分级色彩、分级符号、比率符号、点值符号、统计符号等。

1. 单一符号

此方法采用大小、形状、颜色都统一的点状、线状或面状符号来表达制图要素。这种符号化方法忽略了要素在数量、大小等方面的差异,只能反映制图要素的地理位置而不能反映制图要素的定量差异。然而正是由于这种特点,此方法在表达制图要素的地理位置时有一定的优势。

2. 分类符号

此方法根据数据层要素属性值来设置地图符号的方式,将要素根据属性值进行分类,属性值相同的采用相同的符号,属性值不同的采用不同的符号,利用不同形状、大小、颜色、图案的符号来表达属性值不同的要素。这种分类的符号化方法能够反映出地图要素的数量或质量的差异,为地理信息的决策作用提供了支持。

3. 分级色彩

此方法将要素属性值按照一定的分级方法分成若干级别,用不同的颜色来表示不同级别。每个级别用来表示数值的一个范围,从而可以明确反映制图要素的定量差异。色彩选择和分级方案是分级色彩符号化方法的重要环节,因为颜色的选择和分级的设置取决于制图要素的特征,只有合理的配色方案和科学的分级方法才能将地图中要素的宏观分布规律体现得清晰、明确。

4. 分级符号

此方法与分级色彩有所不同,采用不同的符号来表示不同级别的要素属性数值,符号的形状取决于制图要素的特征,而符号的大小取决于分级数值的大小或者级别高低。这种符号化方法一般用于表示点状或线状要素,多用于人口分级图、道路分级图等。其优点是可以直观地表达制图要素的数值差异。制图要素分级和分级符号表示是其关键环节。

5. 比率符号

在分级符号符号化方法中,属性数据被分为若干级别,当数值处于某级别范围内时,符号表示都是一样的,无法体现同一级别不同要素之间的数量差异。而比率符号符号化方法按照一定的比率关系确定与制图要素属性数值对应的符号大小,一个属性数值就对应了一个符号大小,这种一一对应的关系使符号设置表现得更细致,不仅反映不同级别的差异,也能反映同级别之间微小的差异。但是,如果属性数值过大,则不适合采用此种方法,因为比率符号过大会严重影响地图的整体视觉效果。

6. 点值符号

此方法使用一定大小的点状符号来表示一定数量的制图要素,表现出一个区域范围内的密度数值,数值较大的区域点较多,数值较小的区域点较小,是一种用点的密度来表现要素空间分布的方法。

7. 统计符号

统计符号是专题地图中经常使用的一类符号,用于表示制图要素的多项属性。常用的统计符号制作的统计图有饼状图、柱状图、累计柱状图等。饼图主要用于表示制图要素的整体属性与组成部分之间的比例关系;柱状图常用于表示制图要素的两项可比较的属性或者是变化趋势;累计柱状图既可以表示相互关系与比例,也可以表示相互比较与趋势。

以上方法均为矢量数据的符号化方法。此外,还有栅格图形符号化方法。

专题栅格数据是栅格数据的一种重要类型,其符号化方法主要有分类栅格符号设置、分级栅格符号设置和栅格影像设置,其中,栅格影像设置又分单波段影像设置和多波段影像设置。如何显示栅格文件取决于它所包含的数据类型以及用户的需要。ArcMap 可以自动选择合适的方法,用户也可以根据需求来对其进行调整。

5.1.2　ArcMap 数据符号化方法

1. 单一符号标示数据

(1)首先加载数据。在内容列表中用鼠标右键单击要标示的图层,在快捷菜单中单击【属性】,单击"符号系统"标签。

(2)在"显示"列表框中选中"要素",即可显示"单一符号",在"符号"和"图例"中进行设置,即可使用单一符号绘制所选图层要素,如图 5 - 1 所示。

(3)设置完成后单击【确定】按钮完成操作。

2. 分类符号标示数据

(1)在内容列表中的道路图层上单击鼠标右键,在快捷菜单中单击【属性】,打开"图层属性"对话框。

(2)单击"符号系统"标签,在"显示"列表框中选中"类别"。

(3)在"值字段"下拉列表框中选择"CLASS",即街道的分级。

(4)单击【添加所有值】按钮,将所有街道级别添加进来,如图 5 - 2 所示。若对系统默认的符号样式不满意,还可以双击相应的符号,进行一系列设置。

(5)完成设置后返回"图层属性"对话框,结果如图 5 - 3 所示。

此外,系统还提供了另外的两种表示方法。

其一,同时按照多个属性值的组合进行分类来确定符号类型(唯一值、多个字段)。

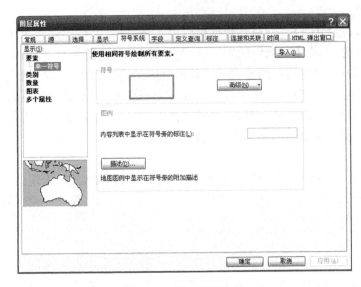

图 5 - 1　单一符号设置

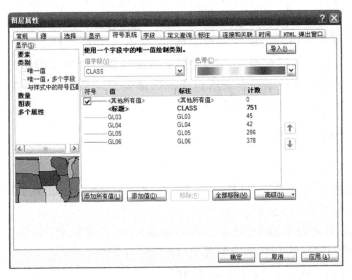

图 5 - 2　分类符号设置

其二,按照事先确定的符号类型通过自动匹配来表示属性分类(与样式中的符号匹配)。

3. 分级符号标示数据

(1)分级色彩设置

①加载"river"和"province"图层数据。

②在内容表中用鼠标右键单击"river"图层,单击【属性】|【符号系统】|【数量】|【分级色彩】。

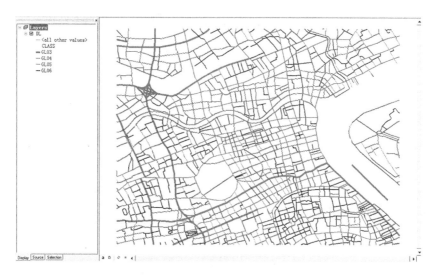

图 5 - 3　分类符号标示数据结果

③在"字段"组的"值"下拉列表框中选择"LENGTH",表示按照河流的长度分级。默认的分级方法是按自然分类法,通过聚类分析将相似性最大的数据分在同一级别中,见图 5 - 4 所示。

图 5 - 4　分级色彩设置

④也可以选择手动分级自行修改分级方法,如图 5 - 5 所示。
⑤确认分级方法后,单击【确定】按钮,结果如图 5 - 6 所示。
(2)分级符号设置
①在内容列表中"province"图层上单击鼠标右键,单击【属性】,选中"符号系统"标签,单击【数量】|【分级符号】。

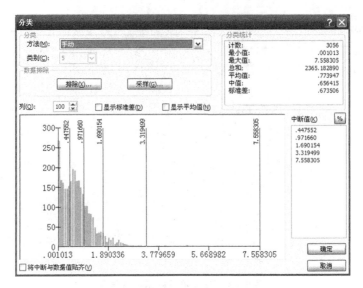

图 5 – 5　分类方法设置

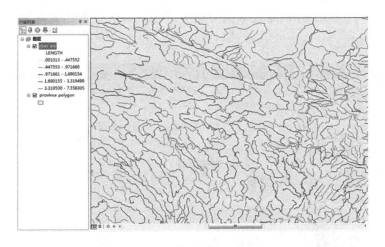

图 5 – 6　分级色彩标示数据结果

②在"字段"组"值"下拉列表框中选择"AREA",表示按照面积进行分级。

③设置分级数目和分级符号。如将"分类"设为"7",单击【模板】按钮,设置分级符号的大小、颜色等,如图 5 – 7 所示。

④完成设置后,单击【确定】按钮,结果如图 5 – 8 所示。

比率符号、点值符号的设置过程与分级符号化相似,在此不再赘述。

4.组合符号标示地图

前面介绍的符号标示方法都只是针对单个要素的一项属性数据来进行表达的。然而在实际应用中,仅针对单个要素属性进行符号设置是不够的。例如,道路数据层中既包含了道路的等级,又包含了道路的运输量;城镇数据层中既包含了城镇的人口数量,又包含了城镇的行政等级、绿化面积等。此种情况下就需要使用组合符号标示方法。

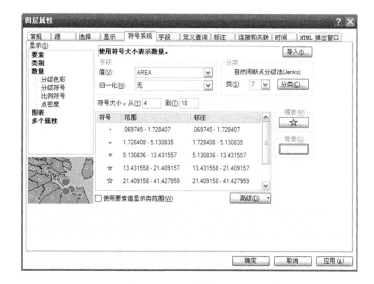

图 5 − 7　分级符号设置

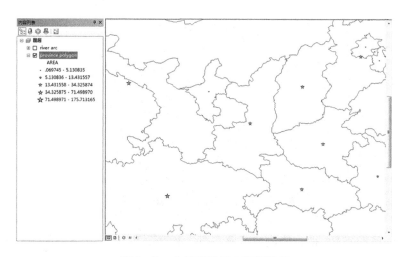

图 5 − 8　分级符号标志数据结果

操作步骤如下。

(1)在内容列表中用鼠标右键单击"province"图层,单击【属性】,单击"符号系统"标签。

(2)单击"多个属性"下的"按类别确定数量",在"值字段"下拉列表框中选择"AREA",单击左下角的【添加所有值】按钮将全部 AREA 值加进来,先按住 Shift 键选中多个值,然后单击鼠标右键选择【分组值】可以将其进行分组,这里将其分为 3 种类型,分别设置 3 种类型的符号颜色。此即组合符号设置中的分类设置,如图 5 − 9 所示。

(3)单击"变化依据"组中的【符号大小】按钮。

(4)在"字段"组的"值"下拉列表框中选择"PERIMETER",将这些数值划为 5 级,并选择表示符号的大小、样式和划级方法。这里选择系统默认形式下的自然划分,如图 5 − 10 所示。

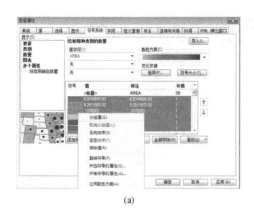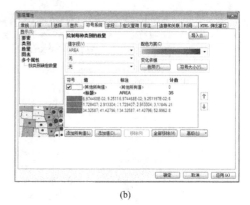

(a)　　　　　　　　　　　　　　　(b)

图 5 – 9　组合符号设置

(a)设置前;(b)设置后

图 5 – 10　使用符号大小标示数量

(5)单击【确定】按钮,得到能同时表示各部分面积和周长大小的组合符号标示的地图,如图 5 – 11 所示。

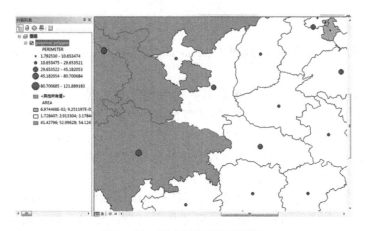

图 5 – 11　组合符号标示的地图

5.2　ArcMap 数据层标注

地图注记是一幅完整地图的组成部分,用于说明符号无法表达的定性或定量特征,通常包括文字注记、数字注记、符号注记三种类型。

地图注记的形成过程就是地图的标注(Label)。根据标注对象的类型及标注内容的来源,地图的标注可分为三种:交互标注、自动标注、链接标注。本书仅对前两种进行介绍。

5.2.1　交互标注

如果需要标注的图形要素较少,或需要标注的内容没有包含在数据层的属性表中,或需要对部分图形要素进行特别说明,可以使用此种方式。

交互标注主要借助绘图工具栏中的注记工具来完成,如图 5-12 所示。

图 5-12　绘图工具栏

注意:ArcMap 地图显示窗口有数据视图和布局视图两种状态,放置在数据视图中的注记可以在布局视图中按比例输出,但只能在数据视图中编辑;而直接放置在布局视图中的注记可以输出打印,并可以在布局视图中编辑,但无法出现在数据视图中。

5.2.2　自动标注

如果需要标注的内容布满整个数据层甚至分布在若干个数据层,而且注记的内容包含在属性表中,应使用此方式。

此方式注记参数的设置也是借助绘图工具栏中的六个注记工具来完成的。

(1)在需要放置注记的数据层上单击鼠标右键打开"属性"对话框,单击"标注"标签。勾选"标注此图层中的要素"复选框,确定在本数据层上进行标注。

(2)在"方法"下拉列表框中选择"以相同的方式为所有要素加标注"。

(3)在"标注字段"下拉列表框中选择"NAME"。还可以单击【符号】按钮对标注字体做进一步设置,如图 5-13 所示。

(4)单击【确定】按钮完成全部要素的标注,如图 5-14 所示。

(5)如果只想标注一部分要素,可以在"图层属性"对话框的"方法"下拉列表框中选择"定义要素类并且为每个类加不同的标注",实现对每一类要素使用不同的标注方法,然后单击【SQL 查询】输入条件表达式即可,如图 5-15 和图 5-16 所示。

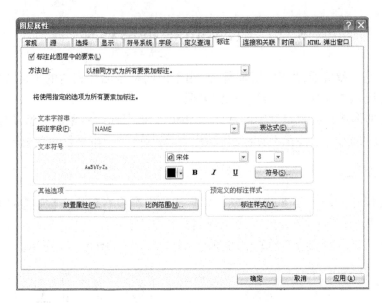

图 5-13　自动标注设置

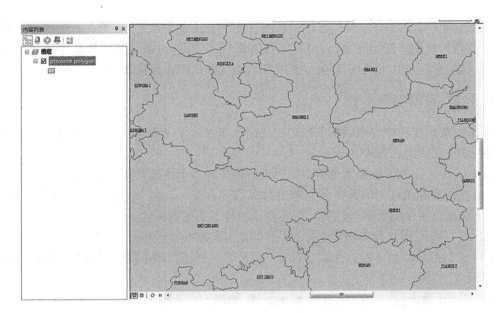

图 5-14　自动标注结果

图 5 – 15　输入条件表达式

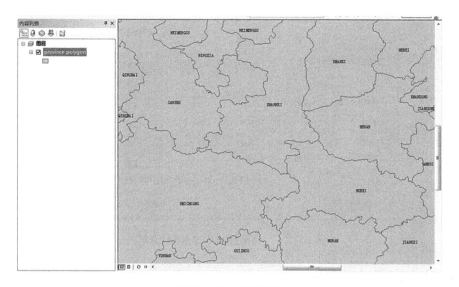

图 5 – 16　标注结果

5.3 ArcMap 图形制作和输出

5.3.1 制图版面设置

1. 图面尺寸设置

ArcMap 地图显示窗口有数据视图和布局视图两种状态。正式输出地图之前,应该首先进入布局视图,按照地图的用途、比例尺、打印机的型号等来设置版面的尺寸。

(1)切换到布局视图状态。

(2)在布局视图状态下的地图显示窗口默认纸张边沿以外,单击鼠标右键打开【布局设置】快捷菜单,单击【页面和打印设置】,打开"页面和打印设置"对话框,如图 5 - 17 所示。

图 5 - 17 "页面和打印设置"对话框

(3)在此对话框中进行一系列的设置。

注意:如果勾选了"在布局上显示打印机页边距"复选框,是按照打印机或绘图机的纸张来设置地图的图纸尺寸;如果不选,就是按照标准图纸尺寸或用户要求进行自由设置。

2. 图框与底色设置

(1)在需要设置图框的数据组上单击鼠标右键,单击【属性】,打开"数据框属性"对话框,如图 5 - 18 所示。

(2)在此对话框中可以对图框、底色等进行一系列的设置。

图 5 - 18　"数据框属性"对话框

3.辅助要素设置

在布局视图状态,标尺、参考线和格网为制图辅助要素。标尺显示了页面的尺寸和最后要打印的地图元素;参考线用来对齐地图元素的直线;格网用来测定位置的参考点。

将鼠标指针放在布局视图状态的地图显示窗口默认纸张边沿以外,单击鼠标右键。通过单击【ArcMap 选项】或单击主菜单中的【自定义】|【ArcMap 选项】对它们进行一系列的设置。

5.3.2　增加和复制地图数据组

(1)单击主菜单栏中的【插入】,单击【数据框】,地图输出窗口增加一个新的制图数据组,如图 5 - 19 所示。

(2)向新的数据组中增加地图数据,可以通过复制操作。

(3)选中需要复制的原有制图数据组,单击鼠标右键,单击【复制】,快捷键 Ctrl + C。

(4)选中新建数据组,单击鼠标右键,然后单击【粘贴图层】命令,快捷键 Ctrl + V,如图 5 - 20所示。

5.3.3　地理坐标格网设置

(1)鼠标指针放在需要格网的数据框上单击鼠标右键,单击【属性】,打开"数据框属性"对话框。

(2)选中"格网"标签,如图 5 - 21 所示。

(3)单击【新建格网】按钮,弹出"格网和经纬网向导"对话框,如图 5 - 22 所示。

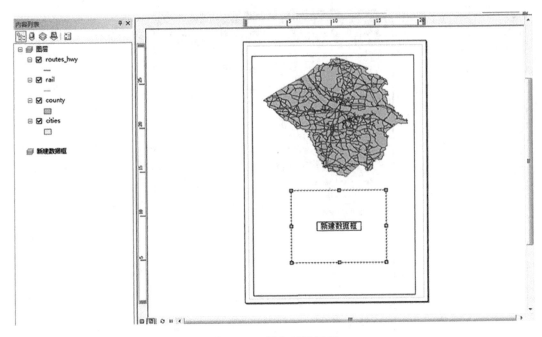

图 5 - 19　插入新数据组

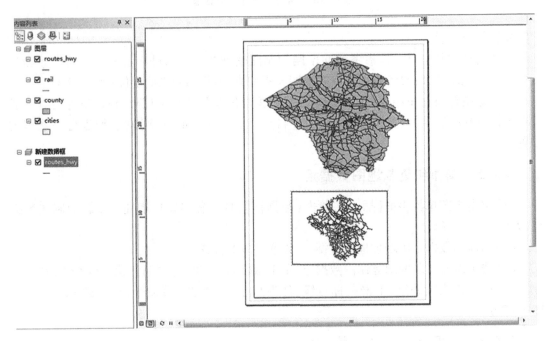

图 5 - 20　增加、复制数据组

（4）选中"方里格网：将地图分割为一个地图单位格网"，单击【下一步】按钮，在弹出的对话框中对方里格网间隔、格网标注线样式等进行设置。完成后，经纬网出现在布局视图状态的地图显示窗口中，如图 5 - 23 所示。

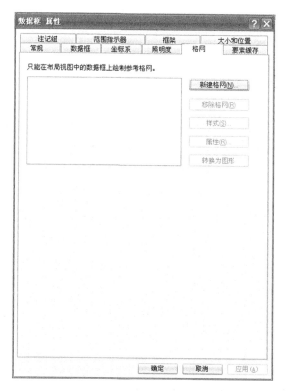

图 5 - 21　"格网"标签

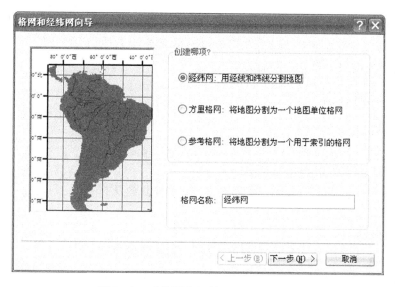

图 5 - 22　"格网和经纬网向导"对话框

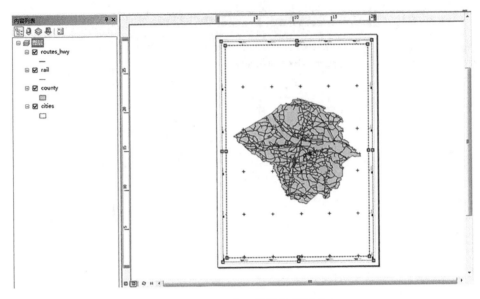

图 5 - 23　用方里格网分割地图

5.3.4　地图整饰

地图整饰操作主要包括图例、指北针、比例尺等。

（1）单击主菜单栏中的【插入】，打开下拉菜单，如图5 - 24所示。

（2）单击需要加入的要素，进行具体的设置操作。

（3）如果需要对要素进行修改，在需要修改的要素上双击鼠标左键，在弹出的对话框中进行修改。

5.3.5　地图输出

1. 打印地图

（1）在 ArcMap 标准工具栏中单击【文件】，在下拉菜单中单击【打印预览】即可以进行打印预览。

（2）单击【打印】，打开"打印"对话框，进行打印设置及打印，如图 5 - 25 所示。

2. 地图转换输出

单击【文件】|【导出地图】，即可输出文件。ArcMap 提供了多种输出文件格式，如 EMF、BMP、EPS、PDF 和 JPEG 等，如图 5 - 26所示。

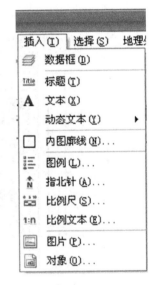

图 5 - 24　插入菜单

（1）EMF（Enhanced Windows Metafiles）是 Windows 本地的矢量、栅格或矢量和栅格文件。

（2）BMP（Windows Bitamp）是 Windows 本地的栅格影像。

（3）EPS（Encapsulated Postscript）主要用于矢量图。

（4）PDF（Portable Document Format）是为跨平台而设计的，特别适合在 Web 上发布。

（5）JPEG（Joint Photographic Experts Group）是压缩比最大的影像文件。

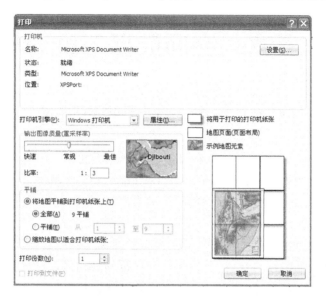

图 5 - 25　"打印"对话框

图 5 - 26　"导出地图"对话框

第6章　空间数据三维分析

6.1　ArcScence 三维可视化

在三维场景中浏览数据更加直观和真实,对于同样的数据,三维可视化将使数据能够提供一些无法直接从平面图上获得的信息,可以很直观地对区域地形起伏的形态及沟、谷、鞍部等基本地形形态进行判读,与二维图形如等高线图相比更容易为大部分读图者所接受。

ArcScence 是 ArcGIS 三维分析的核心扩展模块,是基于内存的应用,主要完成小场景的三维数据可视化,通过在 3D Analyst 工具条中单击 按钮打开。它具有管理 3D GIS 数据、进行 3D 分析、编辑 3D 要素、创建 3D 图层,以及把二维数据转换成三维要素等功能。

6.1.1　要素的三维显示

有时需要将要素数据在三维场景中以透视图显示出来进行观察和分析。要素数据与表面数据的不同之处在于,要素数据描述的是离散的对象如点对象、线对象、面对象(多边形)等,它们通常具有一定的几何形状和属性。常见的点要素有通信塔台、泉眼等,在地图上通常表现为点状符号;线要素更为常见,如道路、水系、管线等;多边形要素有湖泊、行政区及大比例尺地形图上的居民地等。

在三维场景中显示要素的先决条件是要素必须被以某种方式赋予高程值或其本身具有高程信息。因此,要素的三维显示主要有以下两种方式。

(1)具有三维几何的要素,在其属性中存储了高程值,可以直接使用其要素几何中或属性中的高程值,实现三维显示。

(2)对于缺少高程值的要素,可以通过叠加和突出两种方式在三维场景中显示。所谓叠加,即将要素所在区域的表面模型的值作为要素的高程值,如将所在区域栅格表面的值作为一幅遥感影像的高程值,可以对其做立体显示。突出则是指根据要素的某个属性或任意值突出要素,如要在三维场景中显示建筑物要素,可以使用其高度或楼层数这样的属性来将其突出显示,如图 6-1 所示。

另外,有时研究分析可能需要使用要素的非高程属性值作为三维 Z 值,在场景中显示要素,此方法最常见于社会、经济领域。

如前所述,添加到三维场景中的数据并不一定会自动以三维方式显示。在添加栅格影像和二维要素进入场景时,会将其放置在一个平坦的三维平面上,若要以三维方式查看它们,需首先定义其 Z 值。而具有三维几何的要素及 TIN 表面将被自动以三维方式进行绘制。

ArcGIS 提供了要素图层在三维场景中的 3 种显示方式。

(1)使用属性设置图层的基准高程。

(2)在表面上叠加要素图层设置基准高程。

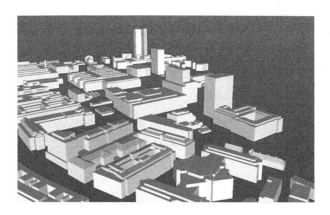

图 6 - 1　建筑物二维图形按高度突出

（3）突出要素。还可以结合多种显示方式,如先使用表面设置基准高程,然后在表面上突出显示要素。在城市景观三维显示中,以表面设置基准高程,然后在表面上突出显示要素建筑物,可以更加自然真实地显示城市景观。

1. 通过属性设置基准高程显示要素图层

（1）鼠标右键单击要素图层,单击【属性】,打开"图层属性"对话框,单击"基本高度"标签。

（2）在"从要素获取的高程"选项组中选中"使用常量值或表达式"单选框,单击下拉列表框右侧按钮,弹出"表达式构建"对话框。

（3）在要素"字段"中选择提供 Z 值的字段或表达式,如图 6 - 2 所示。单击【确定】按钮完成设置,二维要素将以所设定属性或表达式的值为 Z 值在三维场景中显示。

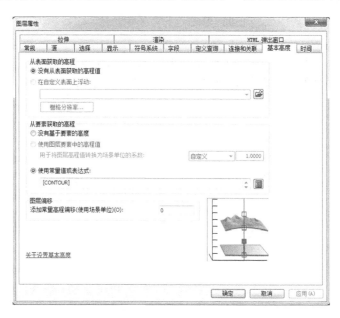

图 6 - 2　通过属性设置基准高程显示要素图层

2. 使用表面设置基准高程

如果有地形表面或其他栅格表面,可通过设置表面的基准高程使其表现为立体景观。

在"图层属性"对话框中单击"基本高度"标签,在"从表面获取的高程"选项组中选中"在自定义表面上浮动"单选框,并设置所需表面,如图6-3所示。单击【确定】按钮完成设置,要素将会以表面所提供的高程在场景中显示。

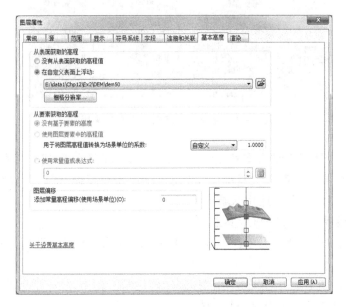

图6-3 使用表面设置基准高程

3. 要素的拉伸显示

如果有地形表面或其他栅格表面,可通过将"符号系统"的显示方式设置为"拉伸"使其表现为立体景观。

在"图层属性"对话框的"符号系统"标签中单击"显示"列表框中的"拉伸",如图6-4所示,通过完成一系列的设置可使表面显示为立体景观,如图6-5所示。

图6-4 拉伸显示设置

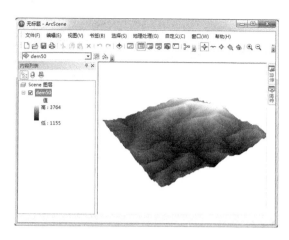

图 6 - 5　拉伸显示成果

6.1.2　设置场景属性

在实现要素或表面的三维可视化时,需要注意以下一些问题:

(1)添加到场景中的图层必须具有坐标系统才能正确显示;

(2)为更好地表示地表高低起伏的形态,有时需要进行垂直夸大,以免地形显示过于陡峭或平坦;

(3)为全面地了解区域地形、地貌特征,可以使用动画旋转功能;

(4)为增加场景真实感,需要设置合适的背景颜色;

(5)根据不同分析需求,需要设置不同的场景照明度参数,包括方位角、高度及对比度;

(6)为提高运行效率,需要尽可能地校检场景范围,去除一些不需要的信息。

以下对 ArcScene 中常用的场景设置内容做简单介绍。

1. 场景坐标系

如果场景中要显示的图层都处于相同的坐标系统之下,则直接将图层添加显示即可,不需考虑图层的叠加是否正确。如果各图层存在不同的坐标系统,则需进行适当的转换以确保 ArcScene 能够正确地显示它们。通常,当在一个空的场景中加入某图层时,该图层的坐标系统就决定了场景的坐标系统。在这之后,可以根据应用需求再对场景的坐标系统进行更改。当随后加入其他图层到场景中时,ArcScene 将会自动转换新加图层的坐标系统使之与场景的坐标系统一致。若新加入图层没有坐标系统,将不能正确显示,此时可人为地确定图层的坐标系统。

如果图层本身没有任何坐标系统的信息,ArcScene 将会检查图层的坐标值,看其 X 值是否为 -180 ~ 180, Y 值是否为 -90 ~ 90。如果满足上述条件,则 ArcScene 认其为经纬度坐标数据,否则将认其为平面坐标数据。

(1)查询当前场景坐标系统

打开"场景属性"对话框,如图 6 - 6 所示,单击"坐标系"标签,将显示当前使用的坐标系统的详细信息,如图 6 - 7 所示。

图6-6　打开"场景属性"对话框

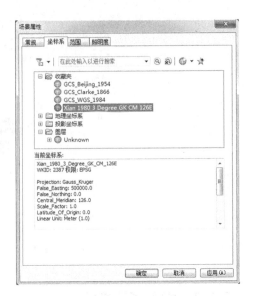

图6-7　当前使用的坐标系统的详细信息

（2）设置场景坐标系统

在"场景属性"对话框中，单击"坐标系"标签，选择"地理坐标系"|"Asia"|"Beijing 1954"为当前图层设置坐标系统，之后所有加载到场景中的图层都将使用该坐标系统进行显示。需要注意的是，改变场景的坐标系统并不会改变图层源数据的坐标系统，只是以场景坐标系统对其进行显示。

2. 垂直夸大

垂直夸大一般用于强调表面的细微变化。在进行表面的三维显示时，如果表面水平范围远大于其垂直变化，则表面的三维显示效果可能不太明显，此时可以进行垂直夸大以利于观察分析。此外，当表面垂直变化过于剧烈不便于分析应用时，也可以进行垂直夸大，此时垂直夸大系数应设置为分数。垂直夸大对场景内所有图层都产生作用，如果要对单个图层进行垂直夸大，可以通过改变图层的高程转换系数来实现。

打开"场景属性"对话框，在"常规"标签中的"垂直夸大"下拉列表框中选择垂直夸大系数，如图6-8所示，或单击【基于范围进行计算】按钮，系统将根据场景范围与高程变化范围自动计算垂直夸大系数。

3. 使用动画旋转功能

通过对场景进行旋转观察可以获得表面总体概况。ArcScene 可以使场景围绕其中心旋转，旋转速度与查看角度可以人为调整，并可以在旋转的同时进行缩放。

欲使用动画旋转功能，需要先对该功能进行激活。打开"场景属性"对话框，在"常规"标签中勾选"启用动画旋转"复选框，即可激活动画旋转功能，如图6-9所示。

激活该功能之后，可以使用场景漫游工具将场景左右拖动，然后即可开始进行旋转，旋转的速度取决于鼠标释放前的速度，在旋转的过程中也可以通过键盘的【Page Up】键和【Page Down】键调节速度。单击场景即可使其停止转动。

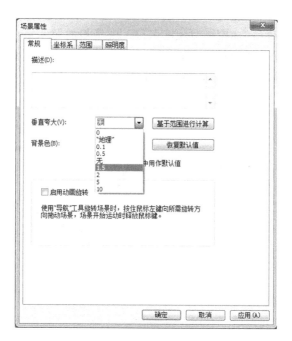

图 6 - 8　垂直夸大系数设置

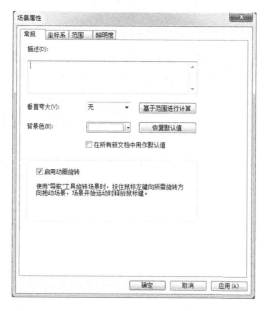

图 6 - 9　激活动画旋转功能

4. 设置场景背景颜色

打开"场景属性"对话框,在"常规"标签中的"背景色"下拉列表框中选择背景色,还可以将所选颜色设置为场景默认背景色(勾选"在所有新文档中用作默认值"复选框)。

5. 改变场景照明度参数

通过设置光源的方位角、高度及对比度可以调整场景的照明情况。在"场景属性"对话框的"照明度"标签中,可以手动输入方位角和高度,也可以通过滑动鼠标改变这两个参数。此外,在此标签中还可设置对比度,如图6-10所示。

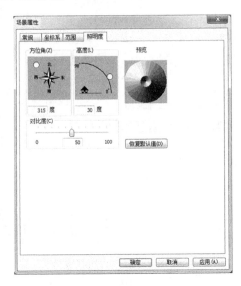

图6-10　设置照明度参数

6. 改变场景范围

设置合适的场景范围可以消除一些无关信息,增强绘图时的性能。默认情况下,场景的范围为场景中所有图层的范围。可以根据应用需求改变场景的范围,使之与某个图层的范围一致,或通过X、Y坐标的最大值最小值来指定场景的范围。

打开"场景属性"对话框,单击"范围"标签,在此设置场景范围。有两种进行设置的方式。

①在"图层"下拉列表框中选择某一图层,如图6-11所示。

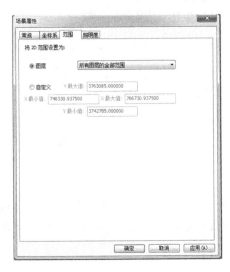

图6-11　按图层设置范围

②选中"自定义"单选框,输入 X、Y 坐标的最大值和最小值,从而确定场景范围,如图 6 - 12所示。

图 6 - 12　自定义设置场景范围

6.1.3　飞行动画

使用动画可以使场景栩栩如生,能够变化视角、场景属性、地理位置以及时间来观察对象。例如,可以创建一个动画来观察运动着的卫星在它们的轨道上是如何相互作用的,也可以用动画来模拟地球的自转及随之产生的光照变化。

1. 如何制作动画

ArcScene 中提供了制作动画的工具条。默认情况下,它没有被添加到 ArcScene 的视图中,可以在工具栏上单击鼠标右键,在弹出的快捷菜单中选择【动画】,打开动画工具条。它能够制作数据动画、视角动画和场景动画。动画是由一条或多条轨迹组成的,轨迹控制着对象属性的动态改变,例如场景背景颜色的变化、图层视觉的变化或者观察点位置的变化。轨迹由一系列帧组成,而每一帧是某一特定时间的对象属性的快照,是动画中最基本的元素。在 ArcScene 中,可以通过以下几种方法生成三维动画。

(1)通过创建一系列帧组成轨迹来生成动画

在动画工具条中提供了创建帧的工具。可以通过改变场景的属性(场景的背景颜色、光照角度等)、图层的属性(图层的透明度、比例尺等),以及观察点的位置来创建不同的帧,然后用创建的一组帧组成轨迹演示动画。动画功能会自动平滑两帧之间的过程。例如,可以改变场景的背景颜色由白变黑,同时改变场景中光照的角度来制作一个场景由白天到黑夜的动画。

实现过程:

①设置动画第一帧的场景属性;

②单击【动画】下拉菜单,单击【创建关键帧】,如图 6 - 13 所示,打开"创建动画关键帧"对话框,如图 6 - 14 所示;

③在"类型"下拉列表中选择帧类型为"透视（照相机）"，即由不同场景构成动画的帧，如图6-15所示；

④单击【新建】按钮，创建一个动画；

⑤单击【创建】按钮抓取一个新的帧；

⑥再次改变场景属性，然后单击【创建】按钮抓取第二帧，根据需要抓取全部所需的帧；

⑦抓取完全部所需的帧之后，单击【关闭】按钮，关闭"创建动画关键帧"对话框；

⑧单击【动画控制器】按钮▶Ⅱ，弹出动画控制器工具条，如图6-16所示；

⑨单击【播放】按钮 ▶ ，预览动画。

图6-13 单击【创建关键帧】

图6-14 "创建动画关键帧"对话框

图 6 – 15 设置创建帧类型

图 6 – 16 动画控制器工具条

（2）通过录制导航动作或飞行生成动画

单击动画控制器工具条中的【录制】按钮 ⬤ 开始录制,在场景中通过基础工具条中的导航工具 ✛ 进行操作或通过飞行工具 ～✈～ 进行飞行,操作结束后单击【录制】按钮停止录制。【录制】按钮的功能类似录像器,将场景中的导航操作或飞行动作的过程录制下来生成动画。

（3）通过捕捉不同视角并自动平滑视角间过程生成动画

用导航工具将场景调整到某一合适的视角,用动画工具条中的捕捉视角工具捕捉此时的视角,然后将场景调整到另一个合适的视角,再次用捕捉视角工具捕捉视角,依次可捕捉多个视角。动画功能会自动平滑两视角间的过程,生成一个完整的动画过程。

（4）通过改变一组图层的可视化生成动画

使用动画工具条中的【创建组动画】命令,选择图层组,控制一组图层使其按照顺序逐个显示,通过效果调整实现动画效果。例如,可以用一组显示洪水淹没过程的图层生成洪水演进的动画。

实现过程:

①在场景中添加相关图层,并按照动画设计的播放顺序从上到下依次调整图层顺序;

②单击【动画】下拉菜单中的【创建组动画】,如图 6 – 17 所示,弹出"创建组动画"对话框,如图 6 – 18 所示;

③在"轨迹的基本名称"文本框中输入动画名称;

④设置起止时间;

⑤根据需要调整图层出现的方式"图层可见性";

⑥利用动画控制器工具条对生成的动画进行预览。

图6-17　单击【创建组动画】

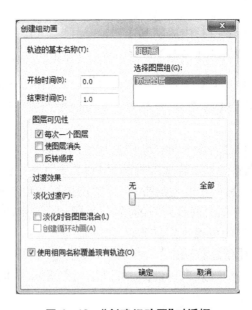

图6-18　"创建组动画"对话框

(5)通过导入路径的方法生成动画

在场景中加入表示飞行路径的矢量要素,并在动画工具条中单击【动画】|【根据路径创建飞行动画】,制作沿路径飞行的动画效果,此时可以设置飞行时的一些参数来控制飞行过程中的视觉效果。也可单击【动画】|【沿路径移动图层】制作某一图层沿路径移动的动画轨

迹。此种方法一般用来制作场景行走动画。

2. 编辑和管理动画属性

动画的帧或轨迹创建完成之后,可以用动画管理器编辑和管理组成动画的帧和轨迹。此外,也可以在动画管理器中改变帧的时间属性,还可预览动画播放效果。

（1）单击【动画】下拉菜单中的【动画管理器】打开动画管理器；

（2）打开的动画管理器如图 6 – 19 所示。

图 6 – 19　动画管理器

3. 保存动画

在 ArcScene 中制作的动画可以存储在当前的场景文档中,即保存在 SXD 文档中;也能存储成独立的 ArcScene 动画文件（ ＊ . asa）用来与其他的场景文档共享;同时也能将动画导出成一个 AVI 文件,被第三方软件调用。

（1）将动画存储为独立的 ArcScene 动画文件

①在【动画】下拉菜单中单击【保存动画文件】；

②在弹出的"保存动画"对话框中指定存储路径及文件名,如图 6 – 20 所示。

图 6 – 20　"保存动画"对话框

（2）将动画导出为 AVI 文件

①单击【动画】下拉菜单中的【导出动画】；

②在弹出的对话框中指定保存路径及文件名。

4. 使用 Fly 工具进行飞行

ArcScene 的工具条提供了飞行工具 ，可用以实现对场景的飞行浏览。单击该按钮后，鼠标指针将变为一只小鸟的形状，单击场景，鼠标指针会再次变形。此时，可以通过移动鼠标控制飞行方向与速度。再次单击鼠标，则可从当前视点沿鼠标指针所指方向向下方飞行，途中，单击鼠标左键加快飞行速度，单击鼠标右键减缓飞行速度。

6.2 表 面 创 建

景观图是反映地理景观空间分布的一种专题地图，显示制图区域各种地理组成要素的发展规律，揭示各要素彼此间的深刻联系和互相制约的关系，提供区域地理景观的完整概念，便于人们对制图区域进行综合性分析和研究。景观图一般指景观类型图，是在地图上描绘出在实地能直接区分的地理综合体。相似的地理综合体组合为类型——景观、景区、相。景观图的图例具有综合的性质，代表地理综合体所有指标的总和，其中，最常用的是地貌和植被，如覆盖着针叶林的冰碛平原、有草甸植被的浸水河漫滩等。景观图除主图外还应附一综合割面图，以表示植被、土壤与基岩之间的相互关系，并能显示各种景观沿地形表面变化的规律性。景观图可供综合自然区域和土地利用规划参考。

6.2.1 创建 TIN 表面

（1）启动 ArcScene，打开场景文件"…/Ex3. sxd"。

（2）创建区域 TIN 表面。

①单击 ArcToolbox 工具箱中的【3D Analyst】|【数据管理】|【TIN】，双击【创建 TIN】，弹出"创建 TIN"对话框，如图 6-21 所示。

②在"创建 TIN"对话框的"输入要素类"下拉列表框中选中等高线图层"Arc_Clip"，设置"高度字段"为"ELEVATION"，"SF_Type"为"Soft_Line"，单击【确定】按钮，如图 6-22 所示。

③添加生成的输出 TIN 图层（若系统已经自动添加，可省略此操作），如图 6-23 所示。

④指定输出路径及文件名即可生成地形表面景观，如图 6-24 所示。

6.2.2 创建栅格表面

（1）在前文创建 TIN 表面的文档中关闭显示所有已添加的图层。

（2）单击 ArcToolbox 工具箱中的【3D Analyst】|【转换】|【由 TIN 转出】，单击【TIN 转栅格】，弹出"TIN 转栅格"对话框，如图 6-25 所示。

（3）在弹出的对话框中做相应设置。

①在"输入 TIN"下拉列表框中选择"tin"。

②在"输出栅格"文本框中输入生成的 DEM 保存地址，其他设置默认。

③单击【确定】按钮，生成 DEM，如图 6-26 所示。

图 6 – 21　"创建 TIN"对话框

图 6 – 22　创建 TIN 参数设置

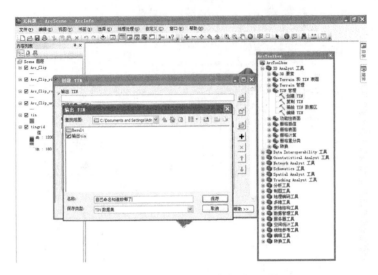

图 6 - 23　添加生成的输出 TIN 图层

图 6 - 24　TIN 的三维显示

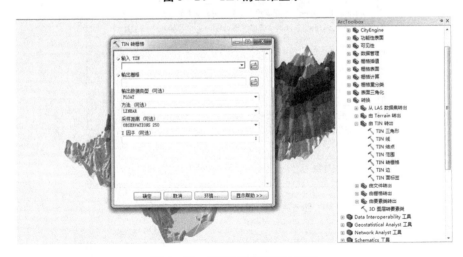

图 6 - 25　"TIN 转栅格"对话框

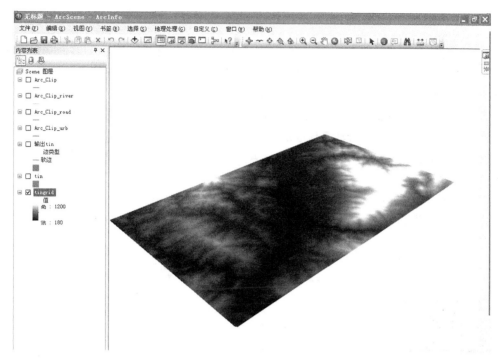

图 6 - 26　生成 DEM

(4)符号化设计。

①单击内容列表中每一图层下的符号样式,在弹出的"符号选择器"对话框中选择合适的体例样式。

②关闭等高线"Arc_Clip"图层及"tin"图层,如图 6 - 27 所示。

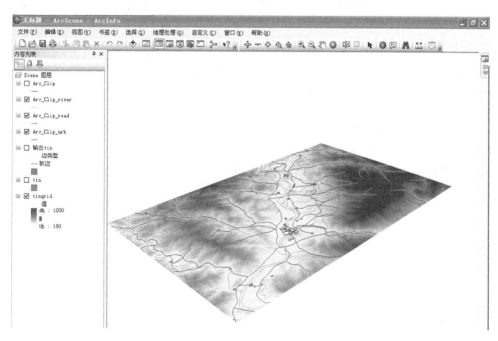

图 6 - 27　关闭等高线"Arc_Clip"图层及"tin"图层

6.2.3 创建三维景观图

在打开的场景文件中的其他要素如道路、水系是景区三维景观图中游客向导的重要识别特征信息。在 ArcScene 中,通过设置要素的基准高程可以实现其三维显示。此外,还可以将纹理、遥感影像或二维地理要素与表面叠加。

依次打开需要叠加显示的道路、水系、休憩地要素图层的"图层属性"对话框,设置其基准高程为区域 TIN 表面,实现要素与地形的三维叠加显示。

(1)鼠标右键单击水系图层"Arc_Clip_river",单击【属性】,打开"图层属性"对话框,如图 6–28 所示。

(2)选中"基本高度"标签,在"从表面获取的高程"选项组中选中"浮动在定义的表面上",并在其下拉列表框中选中先前所建立的区域 TIN 表面。

图 6–28 "图层属性"对话框

(3)单击【确定】按钮,实现水系与地形的三维叠加显示。

(4)对其他几个图层也进行同样的设置。

此外,如果需要对地形起伏程度进行垂直夸大以增大或缩小起伏度,可通过设置各图层的高程转换系数实现。最后生成的景观图如图 6–29 所示。

图 6 – 29   景观图

6.3   表 面 分 析

表面是由许多点组成的区域,其中包含着大量有用的信息。通过对表面进行简单的视觉浏览,可以从总体上了解表面或对表面上某个的区域进行研究,同时,可以为需要进行更为复杂的分析,如两点之间的通视性分析,或者计算表面的坡度信息等表面分析,其结果可以为土地利用规划决策提供帮助。表面创建好之后,通常可用来进行进一步分析,包括可视化增强如设置阴影地貌,以及进行从一个特定的位置或路径设置可视化的更高级别的分析。三维分析还提供将表面转换成矢量数据的工具,以便与其他矢量数据一起进行分析。

6.3.1   坡度与坡向的计算

表面模型主要有栅格表面、TIN 和 Terrain 数据集表面三类,它们对于坡度、坡向的计算各有不同。

1. 坡度的计算

TIN 表面上某点的坡度与栅格表面上某点的坡度不同,构成三角网的每一个三角形构成一个平面,表面上某一点必处于某一三角形上,也就是处于某一特定平面上,则该点的坡度即指其所处平面与水平面之间的夹角,如图 6 – 30 所示。坡度以度(°)度量,范围为 0° ~ 90°。

单击【3D Analyst 工具】|【表面三角化】|【表面坡度】,弹出"表面坡度"对话框,如图 6 – 31 所示。

(1)选择用来生成坡度图的 TIN 表面;

(2)选择坡度单位;

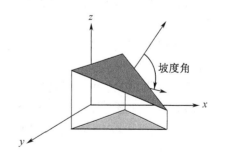

图 6 – 30   TIN 表面坡度示意图

（3）设定高程转换系数（当输入数据所定义的空间参考具有高程单位时，自动进行转换计算）；

（4）指定输出图的栅格单元大小。

图6-31 "表面坡度"对话框

2. 坡向的计算

TIN 表面上某点的坡向即指该点所处的三角形面的坡向，亦即该三角形面的法线方向在平面上的投影所指的方向，如图6-32所示。坡向用度数来衡量，正北是0°，正东是90°，正南是180°，正西是270°。

单击【3D Analyst 工具】|【表面三角化】|【表面坡向】，弹出"表面坡向"对话框，如图6-33所示。

（1）在"输入表面"下拉列表框中选择输入表面数据；

（2）在"输出要素类"中指定输出数据路径和文件名；

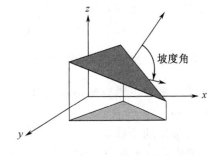

图6-32 TIN 表面坡向示意图

（3）"类明细表（可选）"是用于对坡向数据进行分类的分割表；

（4）"坡向字段（可选）"是输出数据中将加入的包含坡向值代码的字段。其中，值为-1表示不具有下坡方向的平坦区域，值为1~8分别表示北、东北、东、东南、南、西南、西、西北等8个方向。

图 6 – 33　"表面坡向"对话框

6.3.2　表面积与体积的计算

使用三维分析模块的【表面体积】工具可以计算针对某个参考平面的二维面积、表面面积及体积。平面上某矩形区的面积为其长与宽的乘积。与此不同,表面积是沿表面的斜坡计算的,考虑到了表面高度的变化情况。除非表面是平坦的,表面积通常总是大于其二维底面积的。进一步分析,将其表面积与其二维底面积进行比较,还可以获得表面糙率指数或表面的坡度,两者的差异越大意味着表面越粗糙。

体积指表面与某指定高度的平面(参考平面)之间的空间大小,按照表面与参考平面的上下关系分为两种,分别是参考平面之上的体积和参考平面之下的体积,如某山体的土方量或某水库的库容。

单击【3D Analyst 工具】|【功能性表面】|【表面体积】,弹出"表面体积"对话框,如图 6 – 34所示。

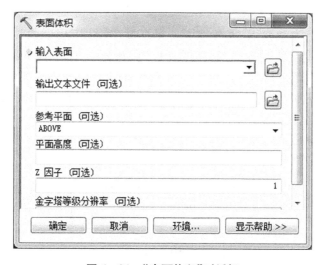

图 6 – 34　"表面体积"对话框

143

（1）"输入表面"：用于计算面积和体积的输入栅格、TIN 或 Terrain 数据集表面。

（2）"输出文本文件（可选）"：设置包含结果的输出文本文件。

（3）"参考平面（可选）"：选择是计算指定高度以上（ABOVE）还是以下（BELOW）。

（4）"平面高度（可选）"：计算面积和体积时所用的参考平面值，一般是设置 ABOVE 的最小值或设置 BELOW 的最大值。

（5）"Z 因子（可选）"：用于转换 Z 单位以与 X、Y 单位匹配。

（6）"金字塔等级分辨率（可选）"：用于 Terrain 数据集金字塔等级的分辨率。默认值为 0，即全分辨率。

输出文本中除了给出了设置的相应参数外，还给出了表面最大值、平面面积、表面面积及体积等数值。

6.3.3 可视性分析

地表某点的可视范围在通信、军事、房地产等应用领域有着重要的意义。ArcGIS 三维分析模块可以进行视觉瞄准线上点与点之间可视性的分析或整个表面上的视线范围内的可视情况分析。

1. 通视分析

通视分析是在表面上两点间画一条直线，用来表示观察者从其所处位置观察表面时，沿直线的表面是可见的还是遮挡的，如图 6－35 所示。利用通视分析可以判断某点相对于另外一点而言是否可见。如果地形遮挡了目标点，则可以分析得出这些障碍物以及视线瞄准线上哪些区域可视，哪些区域不可见。在视线瞄准线上，可视与遮挡的部分分别以不同的颜色表示。

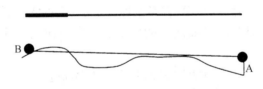

图 6－35　视线瞄准线示意图

图 6－35 中，A 点为观察点，偏离地面一定高度（实际应用中通常观察点不会紧贴地面），B 点为目标点，由连接 A、B 两点的直线段可以判别 A、B 之间哪部分地形遮挡了目标点。图 6－35 中，视线瞄准线较细的部分表示通视，较粗的部分表示视线被遮挡。

视线瞄准线是表面上两点的连线，用以表示沿该线视线的遮挡情况，可以用不同颜色表示可见或隐藏。

在 ArcGIS 主菜单栏空白处单击鼠标右键，勾选 3D Analyst 工具条，3D Analyst 工具条如图 6－36 所示。

图 6－36　3D Analyst 工具条

（1）单击创建视线工具 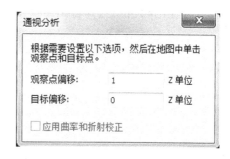，打开"通视分析"
对话框,如图 6 - 37 所示。

（2）"观察点偏移":观察点离开地面的高度。

（3）"目标偏移":与观察点偏移量类似,为目
标高于地面的高度。

（4）设置完成后按【回车】键。

（5）在地形表面上分别选取观测点和目标点
位置,出现视线瞄准线,红色表示不可视,绿色表
示可视。

图 6 - 37　"通视分析"对话框

2. 视点分析

利用视点分析工具可以识别从各栅格表面位置进行观察时可见的观察点,即每一个栅
格记录了能够看到的观察点,此工具可以用于观测哨的位置选择。

单击【3D Analyst 工具】|【可见性】|【视点分析】,弹出"视点分析"对话框,如图 6 - 38
所示。

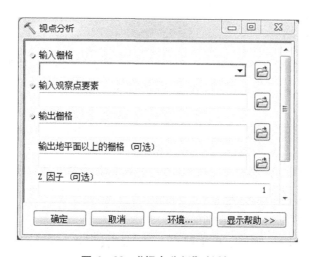

图 6 - 38　"视点分析"对话框

（1）"输入栅格":选择输入的 DEM 数据。

（2）"输入观察点要素":用于识别观察点位置的点要素类,允许的最大点数为 16。

（3）"输出栅格":设置输出栅格位置和名称。输出的栅格将精确记录从各栅格表面位
置进行观察时可见的观察点。

3. 视域分析

在 ArcGIS 中,可以计算表面上单点视场或多个观测点的公共视域,甚至可以将线作为
观测位置,此时线的节点集合即为观测点。计算结果为视场栅格图,栅格单元值表示该单
元对于观测点是否可见,如果有多个观测点,则其值表示可以看到该栅格的观测点的个数。

单击【3D Analyst 工具】|【可见性】|【视域】,弹出"视域"对话框,如图 6 - 39 所示。

（1）"输入栅格":选择地形表面数据。

（2）"输入观察点或观察折线要素":设定观察点或折线(选择用作观测点的要素图
层）。

(3)"输出栅格":选择输出路径及文件名。

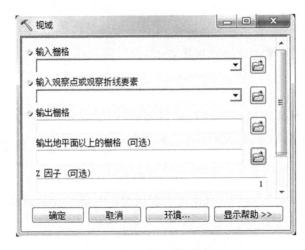

图 6 – 39 "视域"对话框

6.3.4 提取断面

在工程(如公路、铁路、管线工程等)设计过程中,常常需要提取地形断面,制作剖面图。例如,在规划某条铁路时,需要考虑线路上高程变化的情况以评估在其上铺设轨道的可行性。

剖面图表示了沿表面上某条线前进时表面上高程变化的情况。剖面图的制作可以采用该区域的栅格 DEM、TIN 表面或 Terrain 数据集。

在 ArcMap 中添加数据,然后在 3D Analyst 工具条上选择该数据。

(1)使用"插入线"工具 ![icon] 创建线,以确定剖面线的起点和终点。

(2)使用"插入面"工具 ![icon] 生成剖面图。

(3)在生成的剖面图标题栏上单击鼠标右键,单击【属性】,进行布局调整与编辑。

6.3.5 表面阴影

1. 表面阴影的原理

表面阴影的原理是根据假想的照明光源对高程栅格图的每个栅格单元计算照明值。计算过程中包括三个重要参数:太阳方位角、太阳高度角、表面灰度值。

太阳方位角以正北方向为 0°,按顺时针方向度量,如 90°方向为正东方向,如图 6 – 40 所示。由于人眼的视觉习惯,通常默认方位角为 315°,即西北方向。

太阳高度角为光线与水平面之间的夹角,同样以度为单位,如图 6 – 41 所示。为符合人眼视觉习惯,通常默认为 45°。

在 ArcGIS 中,默认情况下,光照产生的灰度表面的值的范围为 0~255。

2. 计算表面阴影

单击【3D Analyst 工具】|【栅格表面】|【山体阴影】,弹出"山体阴影"对话框,如图6 – 42 所示。

(1)选择用来计算阴影的表面,指定输出路径及文件名。

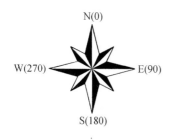

图 6 - 40　太阳方位角度量示意图

图 6 - 41　太阳高度角示意图

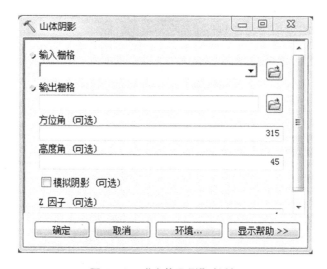

图 6 - 42　"山体阴影"对话框

（2）设置太阳高度角与方位角。

（3）设定高程转换系数。

（4）指定输出栅格单元大小。

3. 阴影化

使用阴影建模工具，可以计算出某一特定光照条件下区域内处于其他栅格单元阴影中的那一部分栅格，它们会被赋值为 0。使用空间分析的重分类方法可对阴影区和非阴影区分别赋值生成二值图像。

4. 高程数据与阴影图层的叠加显示

通过将阴影栅格图层设置一定的透明度与高程栅格数据叠加显示，可以得到更好的视觉效果以便于分析应用。设置透明度的方法是首先打开"图层属性"对话框，在"显示"标签中的"透明度"选项设置，一般以 50% 的透明度为佳。

5. 三维场景中表面阴影的建立

在 ArcScene 三维场景中，设置栅格表面自身的高程值为其基准高程后，在"属性"对话框的"渲染"标签中，勾选"相对于场景的光照位置为面要素创建阴影"复选框，使表面具有阴影显示。同时，可以使用平滑阴影工具使阴影表面更加光滑。

6.4 可视化分析实例

6.4.1 污染物在蓄水层中的可视化

使用 ArcGIS 的三维分析工具,(包括三维场景中数据的加载、数据在场景中的三维立体显示方法(包括设置基准高程显示和突出显示要素两种方法)),对污染物在蓄水层中的分布做直观的观察和分析,并研究区域内分布的水井受其影响的情况,最后分析污染源的情况,确定污染源需要清理的优先级,为决策提供科学支持。

(1)首先打开场景"Exercise4. sxd",如图 6 – 43 所示。

(2)显示污染物的体积与污染程度。

图 6 – 43 打开场景"Exercise4. sxd"

将污染物浓度的栅格图层叠加到污染空间表面上,可以显示蓄水层中污染物的体积与污染程度。

①打开污染物浓度图层"contamination"的"图层属性"对话框,如图 6 – 44 所示。

②选择其空间 TIN 表面"c_tin"为基准高程,同时设置 Z 值转换系数为 200。

③在"符号系统"标签中选择一合适的渐变色系,如图 6 – 45 所示。

④在内容列表中取消 TIN 表面的显示,此时可以在三维空间中察看污染物空间的形状及其受污染的程度,如图 6 – 46 所示。

(3)显示污染物空间与水井的关系。

从数据中可以看出,一些水井位于污染物空间中。可以通过水井的深度属性对其进行突出显示,即可查找出哪些水井与污染物空间相交,受污染较严重。

①打开水井"图层属性"对话框并选中"拉伸"标签。

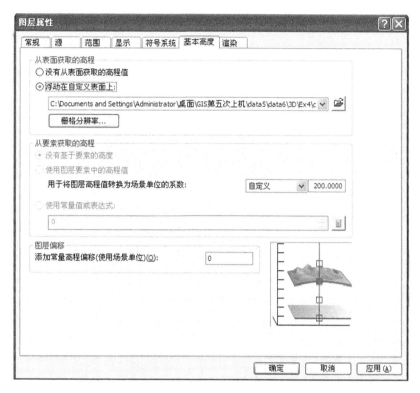

图 6 - 44 "图层属性"对话框

图 6 - 45 "符号系统"标签

图 6-46　污染物显示

②计算突出表达式为其深度属性字段"Depth"，同时选择将表达式应用为各个要素的基准高程，水井的深度以负值（表达式为"-Abs（[Depth]）"）表示，使其向下突出，如图6-47所示。

图 6-47　突出显示设置

③关闭"c_tin"数据层的显示。此时，可以直观地察看与污染物空间相交或相邻的水井，如图6-48所示。

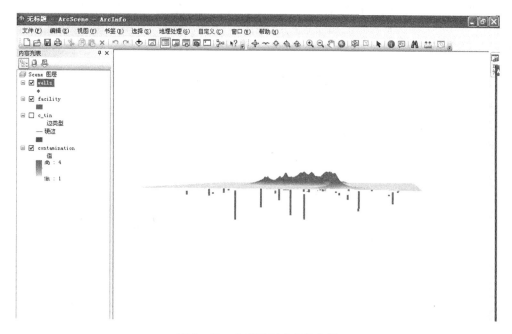

图 6 - 48 突出显示水井的场景

（4）优先显示需要清理的污染源。

如前所述，根据各个污染源需要进行清理的紧急程度，对其进行分级归类，然后将其突出显示，并用颜色标示出来，以突出需要进行清理的优先级。

①打开污染源"facility""图层属性"对话框并选中"拉伸"标签。

②计算突出表达式为"［PRIORITY1］* 100"，如图 6 - 49 所示。

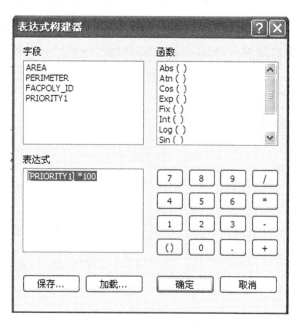

图 6 - 49 表达式构建

③在"符号系统"标签的"显示"列表框中的"数量"下的"分级色彩"下设置符号为渐变色(Graduated Colors),选择值域(Value)为"PRIORITY1",将符号分为 5 级显示,如图 6-50所示。

图 6-50 "符号系统"标签

此时,工业设施根据其优先级按比例突出显示。从场景中可以看得出污染的形状及强度、水井与污染物的空间关系,以及为阻止地下水进一步污染而需要进行清理的污染源,如图 6-51 所示。

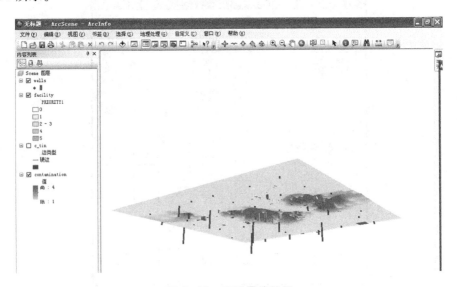

图 6-51 实验最终结果

6.4.2 模拟场景飞行

在获得某一地区的表面数据的基础上,可以制作该地区的飞行动画。飞行动画可以直观动态地显示某一地区从宏观到微观的图像,显示某一实体随时间的发展变化等动态信息,还可变化视角、场景属性、地理位置以及时间来观察对象。如对一景区各个景点进行鸟瞰,模拟风蚀洼地的形成过程,模拟并预测洪水淹没区扩张速度及范围,等等。

本节实例采用两种方法来生成飞行动画。

1. 抓取一系列场景图片然后向其中插入平滑帧来形成动画

步骤如下。

(1)打开 ArcScene,打开实验场景,如图 6-52 所示。

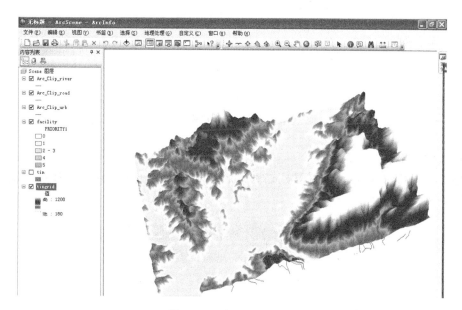

图 6-52 打开实验场景

(2)打开动画工具条,抓取景区场景。

①在工具条上单击鼠标右键,在弹出的快捷菜单中选择【动画】,打开动画工具条,如图 6-53 所示。

②单击【拍照】按钮 ,拍下当前场景。改变场景后再次拍照。

图 6-53 动画工具条

③反复操作,抓取动画放映主干帧,直至将感兴趣场景拍摄完全。

(3)调节动画参数,生成动画,并预览。

①单击【动画控制器】按钮 ,打开动画控制器,如图 6-54 所示。

②修改动画录制时间栏 **按持续时间(D)**,控制动画片长,在动画播放片段控制栏
□ **仅播放(O):** 中填入合适时间。单击【播放】按钮 ▶ 预览动画。

图 6-54　动画控制器

（4）动画导出。

单击【动画】下拉菜单，单击【导出动画】命令，将动画输出为可用多媒体播放器播放的文件，如图 6-55 所示。

图 6-55　"导出动画"对话框

2. 通过记录实时飞行场景来生成动画

（1）单击 ⌄ 按钮，将鼠标放置到场景中合适位置。此时，鼠标为一栖息鸟状。

（2）单击 ▶❚❚ 按钮，弹出动画控制器。

（3）单击【选项】按钮，将其扩展。

（4）在"按持续时间"文本框中输入合适的动画时长,在"仅播放"文本框中选择播放的片段时段。

（5）单击【沿路径飞行】按钮 ⏺ ,开始录制。此时控制鼠标,在场景中开始飞行。

（6）飞行结束后,再次单击【沿路径飞行】按钮 ⏺ ,结束录制。

（7）点击【播放】按钮浏览播放动画。

（8）动画导出。

①单击【动画】下拉菜单,单击【导出动画】,弹出对话框。

②设置输出文件的存放路径及名称,导出文件类型设为 AVI 格式。

第7章 空间分析基本原理

7.1 空间分析概念

7.1.1 空间分析的定义

空间分析(Spatial Analysis,SA)是地理学的精髓,是为解答地理空间问题而进行的数据分析与挖掘。目前,比较典型的空间分析定义有以下几种。

空间分析是对数据的空间信息、属性信息或二者共同信息的统计描述或说明。空间分析是对于地理空间现象的定量研究,其常规能力是操纵空间数据成为不同的形式,并且提取其潜在信息。空间分析是基于地理对象空间布局的地理数据分析技术。空间查询和空间分析是从 GIS 目标之间的空间关系中获取派生的信息和新的知识。空间分析是指为制定规划和决策,应用逻辑或数学模型分析空间数据或空间观测值。空间分析是基于地理对象的位置和形态特征的空间数据分析技术,其目的在于提取和传输空间信息。GIS 空间分析是从一个或多个空间数据图层获取信息的过程。

空间分析是集空间数据分析和空间模拟于一体的技术方法,通过地理计算和空间表达挖掘潜在空间信息,以解决实际问题。空间分析的本质特征包括:

(1)探测空间数据的模式;

(2)研究空间数据间的关系并建立相应的空间数据模型;

(3)提高适合于所有观察模式处理过程的理解;

(4)改进对地理空间事件的预测能力和控制能力。

7.1.2 空间分析的研究对象

空间分析主要通过对空间数据和空间模型的联合分析来挖掘空间目标的潜在信息。

空间目标是空间分析的具体研究对象。空间目标具有空间位置、分布、形态、空间关系(距离、方位、拓扑、相关场)等基本特征。空间关系是指地理实体之间存在的与空间特性有关的关系,是刻画数据组织、查询、分析和推理的基础。不同类型的空间目标具有不同的形态结构描述,对形态结构的分析称为形态分析。例如,可以将地理空间目标划分为点、线、面和体四大类要素,点具有位置这一形态结构,线具有长度、方向等形态结构。考虑到空间目标兼有几何数据和属性数据的描述,因此,必须联合几何数据和属性数据进行分析。

空间数据分析实际上是对空间数据一系列的运算和查询。不同的应用具有不同的运算和不同的查询内容、方式、过程。应用模型是在对具体对象与过程进行大量专业研究的基础上总结出来的客观规律的抽象,将它们归结成一系列典型的运算与查询命令,可以解决某一类专业的空间分析任务。

7.1.3　空间分析的研究目标

空间分析是指用于分析地理事件的一系列技术,分析结果依赖于事件的空间分布,面向最终用户。其主要目标如下。

(1)认知:有效获取空间数据,并对其进行科学的组织描述,利用数据再现事物本身,例如绘制风险图。

(2)解释:理解和解释地理空间数据的背景过程,认识事件的本质规律,例如住房价格中的地理邻居效应。

(3)预报:在了解、掌握事件发生现状与规律的前提下,运用有关预测模型对未来的状况做出预测,例如传染病的爆发。

(4)调控:对地理空间发生的事件进行调控,例如合理分配资源。

总之,空间分析的根本目标是建立有效的空间数据模型来表达地理实体的时空特性,发展面向应用的时空分析模拟方法,以数字化方式动态、全局地描述地理实体和地理现象的空间分布关系,从而反映地理实体的内在规律和变化趋势。GIS 空间分析实际上是一种对 GIS 海量地理空间数据的增值操作。

7.2　空间几何关系分析

地理空间目标及其之间错综复杂的空间关系共同构成了客观现实世界,GIS 环境下的空间分析从某种角度讲就是从 GIS 目标之间的空间关系中获取派生信息和新知识的分析技术。由于空间关系复杂多样,与地理位置、空间分布和对象属性等多方面因素有关,因此,这里把空间关系限定为由空间目标几何特征所引起或决定的关系,即与空间目标的位置、形状、距离、方位等基本几何特征相关联的空间关系。空间几何关系分析主要包括邻近度分析、叠加分析、网络分析等。

7.2.1　邻近度分析

邻近度(Proximity)是定性描述空间目标距离关系的重要物理量之一,表示地理空间中两个目标地物距离相近的程度。以距离关系为分析基础的邻近度分析是 GIS 空间几何关系分析的一个重要手段,例如:建造一条铁路,要考虑到铁路的宽度以及铁路两侧所保留的安全带,来计算铁路实际占用的空间;公共设施如商场、邮局、银行、医院、学校等的位置选择都要考虑到其服务范围;对于一个有噪声污染的工厂,污染范围的确定是非常重要的;已知某区域部分站点的气象数据,如何选取最近的气象站数据来代替某未知点的气象数据等。诸如此类的问题都属于邻近度分析。解决这类问题的方法很多,目前比较成熟的分析方法有缓冲区分析、泰森多边形分析等。

1. 缓冲区分析

缓冲区是指为了识别某一地理实体或空间物体对其周围地物的影响度而在其周围建立的具有一定宽度的带状区域。缓冲区分析则是对一组或一类地物按缓冲的距离条件,建立缓冲区多边形,然后将这一图层与需要进行缓冲区分析的图层进行叠加分析,得到所需结果的一种空间分析方法。

缓冲区分析适用于点、线或面对象,如点状的居民点、线状的河流和面状的作物区等,只要地理实体或空间物体能对周围一定区域形成影响度即可使用这种分析方法。例如,濒临灭绝动物的保护研究,可根据野生动物的栖息地和活动区域划定出保护区的范围;在林业方面,要求距河流两岸一定范围内规定出禁止砍伐树木的地带,以防止水土流失;对一个城市某街区进行改造,运用缓冲区分析方法很容易知道哪些单位和居民为应搬迁的对象。此外,空间信息数据的结构化处理也需要递归地执行缓冲区操作,如河网树结构的自动建立,山脊线与谷底线的结构化等。

2. 泰森多边形分析

(1) 泰森多边形的定义

为了能根据离散分布的气象站降雨量数据来计算某地平均的降雨量,荷兰气候学家 A. H. Thiessen 提出了一种新的计算方法,即将所有相邻气象站连成三角形,作三角形各边的垂直平分线,每个气象站周围的若干垂直平分线便围成一个多边形,用这个多边形内所包含的唯一一个气象站的降雨强度来表示这个多边形区域内的降雨强度,该多边形称为泰森多边形(Thiessen polygons 或 Thiessen tesselations,又称 Voronoi 多边形或 Dirichlet 多边形),如图 7-1 中虚线所围成的多边形所示。

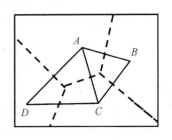

图 7-1 泰森多边形

泰森多边形是在计算几何中被广泛研究的一个问题,其原理非常简单,是一种由点内插生成面的方法。根据有限的采样点数据生成多个面区域,每个区域内只包含一个采样点,且各个面区域到其内采样点的距离小于到任何其他采样点的距离,那么该区域内其他未知点的最佳值就由该区域内的采样点决定,该方法也称为最近邻点法,用于邻域分析。

(2) 泰森多边形的特性及应用

泰森多边形因其生成过程的特殊性,具有以下一些特性:

①每个泰森多边形内仅含有一个控制点数据;

②泰森多边形内的点到相应控制点的距离最近;

③位于泰森多边形边上的点到其两边控制点的距离相等;

④在判断一个控制点与其他哪些控制点相邻时,可直接根据泰森多边形得出结论,即若泰森多边形是 n 边形,则与 n 个离散点相邻。

GIS 和地理分析中经常采用泰森多边形进行快速赋值,其中一个隐含的假设是任何地点的未知数据均使用距它最近的采样点数据。实际上,除非是有足够多的采样点,否则该假设是不恰当的,比如降水、气压、温度等现象是连续变化的,用泰森多边形插值方法得到的结果变化只发生在边界上,即产生的结果在边界上是突变的,在边界内部都是均质的和无变化的,这是泰森多边形分析的不完善之处。因此,尽管泰森多边形产生于气候学领域,却特别适合于专题数据的内插,可以生成专题与专题之间明显的边界而不会出现不同级别之间的中间现象。

7.2.2 叠加分析

叠加分析是指将同一地区、同一比例尺、同一数学基础的不同信息表达的两组或多组专题要素的图形或数据文件进行叠加,根据各类要素与多边形边界的交点或多边形属性建立具有多重属性组合的新图层,如图 7-2 所示,并对那些在结构和属性上既相互重叠,又相互联系的多种现象要素进行综合分析和评价,或者对反映不同时期同一地理现象的多边形图形进行多时相系列分析,从而深入揭示各种现象要素的内在联系及其发展规律的一种空间分析方法。

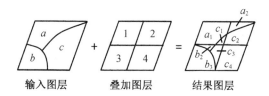

输入图层 　　　 叠加图层 　　　 结果图层

图 7 - 2　叠加分析的基本概念

　　叠加分析对地理信息的图形和属性进行各自的叠加处理。矢量数据模型以点、线、面等简单几何对象来表示空间要素,叠加分析时空间要素图形处理比较复杂,而栅格数据模型则以格网的形式记录属性信息,空间信息隐含,不涉及图形要素的叠加处理;矢量数据模型与栅格数据模型的属性叠加处理分为代数运算与逻辑运算两大类,其中,栅格数据模型的叠加运算常被称为地图代数,应用非常广泛。

　　地理空间数据的处理与分析的目的是获得空间潜在信息,叠加分析是非常有效的提取隐含信息的工具之一。例如,将全国水文监测站分布图与政区图叠加,得到一个新的图层,既保留了水文监测站的点状图形及属性,同时附加了行政分区的属性信息,据此可以查询水文监测站属于哪个省区,或者查询某省区内共有多少个水文监测站;又如将某区域的土地利用类型图与土壤 pH 值状态图、地下水埋深图、植被覆盖图等专题地图叠加,生成新的图层后按照湿地的定义形成属性判别标准,从而判断该区域是否为湿地。

　　1. 点与多边形的叠加

　　将一个点图层作为输入图层叠加到一个多边形图层上,生成的新图层仍然是点图层,区别在于叠加的过程中进行了点与多边形位置关系的判别,即通过计算点与多边形线段的相对位置,来判断这个点是否在多边形内,从而确定是否进行属性信息的叠加。

　　叠加分析后的图层通常会生成一个新的属性表,该属性表不仅保留了原图层的属性,还含有落在哪个多边形内的目标标识。例如,将水质监测井分布图(点)和水资源四级分区图(多边形)进行叠加分析,水资源四级区的属性信息就添加到水质监测井的属性表中。通过属性查询能够知道每个监测井是属于哪个四级区,还可查询特定的四级区内包含有哪些水质监测井等信息。水资源四级区的属性表中还有属于哪个省区、面积大小等信息,水质监测井的属性表也可以与这些属性关联起来,便于相关信息的查询。

　　2. 线与多边形的叠加

　　将一个线图层作为输入图层叠加到一个多边形图层上,要进行线段与多边形的空间关系判别,主要是比较线上坐标与多边形的坐标,判断线段是否落在多边形内。与点目标不同的是,一个线目标往往跨越多个多边形,这时需要计算线与多边形的交点,只要相交就会生成一个交点,多个交点将一个线目标分割成多个线段,同时多边形属性信息也会赋给落在它范围内的线段。叠加分析的结果产生了一个新的线状数据层,该层内的线状目标属性表发生了变化,可能不与原来的属性表一一对应,包含原始线图层的属性和用作叠加图层的多边形的属性。叠加分析操作后既可确定每条线段落在哪个多边形内,也可查询指定多边形内指定线段穿过的长度。例如,一个河流图层(线)与行政分区图层(多边形)叠加到一起,若河流穿越多个省区,省区分界线就会将河流分成多个弧段,可以查询任意省区内河流的长度,计算河网密度;若线图层是道路层,则可计算每个多边形内的道路总长度、道路网密度,以及查询道路跨越哪些省份等。

3.多边形与多边形的叠加

多边形与多边形的叠加要比前两种叠加复杂得多。首先两层多边形的边界要进行几何求交,原始多边形图层要素被切割成新的弧段,然后根据切割后的弧段要素重建拓扑关系,生成新的多边形图层,并综合原来两个叠加图层的属性信息。

按照叠加的方式,空间要素属性叠加可分为代数叠加与逻辑叠加。栅格数据的代数叠加与逻辑叠加更为大家所熟知,矢量数据在进行空间图形叠加处理之后,必须将相应图层的属性表关联到一起,那么属性值的变化就与这里的代数叠加和逻辑叠加相关了。

1.矢量数据叠加分析

矢量数据属性叠加处理更多地使用逻辑叠加运算,即布尔逻辑运算中的包含、交、并、差等。以线与多边形的叠加为例,如图 7-3 所示,判断线段与多边形的位置关系之后,建立叠加后线段的新属性表,由于原有线段被分割成多个线段,该属性表与原属性表不能一一对应,但它包含原来线段的属性和被叠加的多边形的属性,图 7-4(a)表示逻辑并的结果,既包含多边形的属性也包含线段的属性。当要求逻辑差和逻辑交时,只需要从表中进行逻辑差和逻辑交运算,如图 7-4(b)和图 7-4(c)所示。多边形与多边形叠加的图形运算比较复杂,但是属性叠加只需依据运算规则进行各种代数以及逻辑运算即可。

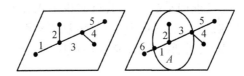

图 7-3　线与多边形的叠加

Line ID	1	2	3	4	5	6
Old ID	1	2	3	4	5	1
Poly	A	A	A	0	0	0

(a)

Line ID	1	2	3
Old ID	1	2	3
Poly	A	A	A

(b)

Line ID	4	5	6
Old ID	4	5	1
Poly	0	0	0

(c)

图 7-4　属性逻辑运算

2.栅格数据叠加分析

(1)基本原理

用栅格方式来组织存储数据的最大优点就是数据结构简单,各种要素都可用规则格网和相应的属性来表示,且这种格网数据不会出现类似于矢量数据多层叠加后精度有限导致边缘不吻合的问题,因为对于同一区域、同一比例尺、同一数学基础的不同信息表达的要素来说,其栅格编号不会发生变化,即对于任意栅格单元用作标识的行列号 I_0、J_0 是不变的,进行叠加的时候只是增加了属性表的长度,表 7-1 为进行多重叠加后的栅格多边形的数据结构。

表 7-1　进行多重叠加后的栅格多边形的数据结构

栅格编号	属性 1	属性 2	…	属性 n	
I_0	J_0	R_1	R_2	…	R_n

栅格数据来源复杂,包括各种遥感数据、航测数据、航空雷达数据,各种摄影的图像数据,以及通过数字化和网格化的地质图、地形图,各种地球物理、地球化学数据和其他专业图像数据。叠加分析操作的前提是要将其转换为统一的栅格数据格式,如 BMP、GRID 等,且各个叠加层必须具有统一的地理空间,即具有统一的空间参考(包括地图投影、椭球体、基准面等),统一的比例尺以及统一的分辨率(即像元大小)。

栅格叠加可用于数量统计,如行政区图和土地利用类型图叠加,可计算出某一行政区划内的土地利用类型个数以及各种土地利用类型所占的面积;可进行益本分析,即计算成本、价值等,如城市土地利用图与大气污染指数分布图、道路分布图叠加,可进行土地价格的评估与预测;可进行最基本的类型叠加,如土壤图与植被图叠加,可得出土壤与植被分布之间的关系图;还可以进行动态变化分析以及几何提取等应用,不同专题图层的选择要根据用户的需要以及各专题要素属性之间的相互联系来确定。

栅格数据的叠加分析操作主要通过栅格之间的各种运算来实现。可以对单层数据进行各种数学运算如加、减、乘、除、指数、对数等,也可通过数学关系式建立多个数据层之间的关系模型。设 a、b、c 等表示不同专题要素层上同一坐标处的属性值,函数 f 表示各层上属性与用户需要之间的关系,A 表示叠加后输出层的属性值,则

$$A = f(a, b, c, \cdots) \tag{7-1}$$

叠加操作的输出结果可能是算术运算结果,或者是各层属性数据的最大值或最小值、平均值(简单算术平均或加权平均),或者是各层属性数据的逻辑运算结果。此外,其输出结果可以通过对各层具有相同属性值的格网进行运算得到,或者通过欧几里得几何距离的运算以及滤波运算等得到。这种基于数学运算的数据层间的叠加运算,在地理信息系统中称为地图代数。地图代数在形式和概念上都比较简单,使用起来方便灵活,但是,把图层作为代数公式的变量参与计算在技术上实现起来比较困难。

基于不同的运算方式和叠加形式,栅格叠加变换包括以下几种类型。

①局部变换:基于像元与像元之间一一对应的运算,每一个像元都是基于它自身的运算,不考虑其他的与之相邻的像元。

②邻域变换:以某一像元为中心,将周围像元的值作为算子,进行简单求和、求平均值、求最大值、求最小值等。

③分带变换:将具有相同属性值的像元作为整体进行分析运算。

④全局变换:基于研究区内所有像元的运算,输出栅格的每一个像元值是基于全区的栅格运算,这里像元是具有或没有属性值的网格(栅格)。

(2)栅格数据叠加方法

①局部变换

每一个像元经过局部变换后的输出值与这个像元本身有关系,而不考虑围绕该像元的其他像元值。如果输入单层格网,局部变换以输入格网像元值的数学函数计算输出格网的每个像元值。局部变换的过程很简单,例如将原栅格值乘以常数后作为输出栅格层中相应

位置的像元值,如图 7-5(a)所示。单层格网的局部变换不仅仅局限于基本的代数运算,三角函数、指数、对数、幂等运算都可用来定义局部变换的函数关系。

图 7-5　局部变换

局部变换中的常数可用同一地理区域的乘数栅格层做代替进行多层之间的运算,如图 7-5(b)所示。多层格网的局部变换与把空间和属性结合起来的矢量地图叠加类似,但效率更高。多层格网做作更多的局部变换运算,输出栅格层的像元值可由多个输入栅格层的像元值或其频率的测量值得到,概要统计(包括最大值、最小值、值域、总和、平均值、中值、标准差)等也可用于栅格像元的测度。例如,用最大值统计量的局部变换运算可以根据代表 20 年降水变化的 20 个输入栅格层计算一个最大降水量格网,这 20 个输入栅格层中的每个像元都是以年降水数据作为其像元值的。

局部变换是栅格数据分析的核心,对于要求数学运算的 GIS 项目非常有用,植被覆盖变化研究、土壤流失、土壤侵蚀以及其他生态环境问题都可以应用局部变换进行分析。例如,通用土壤流失方程式为

$$A = f(R, K, L, S, C, P) \tag{7-2}$$

式中采用了 6 个环境因素,R 为降雨强度,K 为土壤侵蚀性,L 为坡长,S 为坡度,C 为耕作因素,P 为水土保持措施因素,A 为土壤平均流失量。若以每个因素为输入栅格层,通过局部变换运算即可产生土壤平均流失量的输出格网。

②邻域变换

邻域变换输出栅格层的像元值主要与其相邻像元值有关。如果要计算某一像元的值,就将该像元看作一个中心点,一定范围内围绕它的格网可以看作它的辐射范围,这个中心点的值取决于采用何种计算方法将周围格网的值赋给中心点,其中的辐射范围可自定义。若输入栅格在进行邻域求和变换时定义了每个像元周围 3×3 个格网的辐射范围,在边缘处的像元无法获得标准的格网范围,辐射范围就减少为 2×2 个格网,如图 7-6 所示。那么,输出栅格的像元值就等于它本身与辐射范围内栅格值之和。例如,左上角栅格的输出值就等于它和它周围像元值 2、0、2、3 之和 7;位于第二行、第二列的属性值为 3 的栅格,它周围相邻像元值分别为 2、0、1、0、2、0、3 和 2,则输出栅格层中该像元的值为以上 9 个数字之和 13。

中心点的值除了可以通过求和得出之外,还可以取平均值、标准方差、最大值、最小值、极差频率等。尽管邻域运算在单一格网中进行,其过程类似于多个格网局部变换,但邻域变换的各种运算都是使用所定义邻域的像元值的,而不用不同的输入格网的像元值。为了完成一个栅格层的邻域运算,中心点像元是从一个像元移到另一个像元,直至所有像元都被访问。邻域变换中的辐射范围一般都是规则的方形格网,也可以是任意大小的圆形、环形和楔形。圆形邻域是以中心点像元为圆心,以指定半径延伸扩展;环形或圈饼状邻域由

一个小圆和一个大圆之间的环形区域组成;楔形邻域是指以中心点像元为圆心的圆的一部分。

邻域变换的一个重要用途是数据简化。例如,滑动平均法可用来减少输入栅格层中像元值的波动水平,该方法通常用 3×3 或 5×5 矩形作为邻域,随着邻域从一个中心像元移到另一个像元,计算出在邻域内的像元平均值并赋予该中心像元,滑动平均的输出栅格表示初始单元值的平滑化。另一例子是以种类为测度的邻域运算,列出在邻域之内有多少不同单元值,并把该数目赋予中心像元,这种方法用于表示输出栅格中植被类型或野生物种的种类。

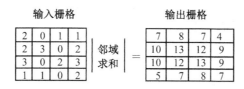

图 7 - 6　邻域变换

③分带变换

将同一区域内具有相同像元值的格网看作一个整体进行分析运算,称为分带变换。区域内属性值相同的格网可能并不毗邻,一般都是通过一个分带栅格层来定义具有相同值的栅格。分带变换可对单层格网或两个格网进行处理。如果为单个输入栅格层,分带运算用于描述地带的几何形状,例如面积、周长、厚度和矩心。面积为该地带内像元总数乘以像元大小;连续地带的周长就是其边界长度,由分离区域组成的地带的周长为每个区域的周长之和;厚度以每个地带内可画的最大圆的半径来计算;矩心决定了最近似于每个地带的椭圆形的参数,包括矩心、主轴和次轴。地带的这些几何形状测度在景观生态研究中尤为有用。

多层栅格的分带变换如图 7 - 7 所示,识别输入栅格层中具有相同像元值的格网在分带栅格层中的最大值,将这个最大值赋给输入层中这些格网导出并存储到输出栅格层中。输入栅格层中有 4 个地带的分带格网,像元值为 2 的格网共有 5 个,它们分布于不同的位置,并不相邻。在分带栅格层中,它们的值分别为 1、5、8、3 和 5,那么取最大值 8 赋给输入栅格层中像元值为 2 的格网,原来没有属性值的格网仍然保持无数据。分带变换可选取多种概要统计量进行运算,如平均值、最大值、最小值、总和、值域、标准差、中值、多数、少数和种类等,如果输入栅格为浮点型格网,则无最后四个测度。

图 7 - 7　分带变换

④全局变换

全局变换是基于区域内全部栅格的运算,一般指在同一网格内进行像元与像元之间距离的测量。自然距离测量运算或者欧几里得几何距离运算均属于全局变换。欧几里得几何距离运算分为两种情况:一种是以连续距离对源像元建立缓冲,在整个格网上建立一系列波状距离带。另一种是对格网中的每个像元确定与其最近的源像元的自然距离,这种方式在距离量测中比较常见。

欧几里得几何距离运算首先定义源像元,然后计算区域内各个像元到最近的源像元的距离。在方形网格中,垂直或水平方向相邻的像元之间距离等于像元的尺寸大小或者等于两个像元质心之间距离;如果对角线相邻,则像元距离约等于像元大小的1.4倍;如果相隔一个像元,那么它们之间的距离就等于像元大小的2倍;其他像元距离依据行列来进行计算。图7-8中,输入栅格有两组源数据,源数据1是第一组,共有三个栅格,源数据2为第二组,只有一个栅格。欧几里得几何距离运算定义源像元为0值,而其他像元的输出值是到最近的源像元的距离。因此,如果默认像元大小为1个单位,输出栅格中的像元值就按照距离计算原则赋值为0、1、1.4或2。

图7-8 欧几里得几何距离运算

在距离量测中像元间距离考虑全部的源数据,且要求像元间距离最短,但没有考虑其他因素如运费等。通常情况下,与一条路径的自然距离相比,卡车司机对穿越此路径的时间和燃料成本更感兴趣。通过两个相邻像元(目标物)之间的费用与通过其他两个相邻像元之间的费用是不同的,这种用经由每个像元的成本或阻抗作为距离单位的距离量测属于成本距离量测运算。成本距离量测运算比空间距离量测运算要复杂得多,需要另一个格网来定义经过每个像元的成本或阻抗。成本格网中每个像元的成本经常是几种不同成本之和。例如,管线建设成本可能包括建设和运作成本以及环境影响的潜在成本。给定一个成本格网,横向或纵向垂直相邻的像元成本距离为所相邻像元的成本的平均数,斜向相邻像元的成本距离是平均成本乘以1.4。成本距离量测运算的目标不再是计算每个像元与最近源像元的距离,而是寻找一条累积成本最小的路径。

对于交通运输格网输出的像元值,应结合最近距离与费用值进行计算,使其达到最小,即达到最佳效益。在图7-9中,第一行、第二列的栅格输出值等于穿越它本身和穿越距离它最近的源像元所需费用的一半,等于3。针对左下角的费用网格值为2的像元,有三种路径到达距离它最近的源像元,即2→a→b,2→c→b,以及从2的质心直接到b的质心,即2与b的对角线距离。前两者从距离角度看近,其值是一样的,而第三种路径距离稍远。但与费用结合,其费用值就不一样了。第一种路径费用值为3.5,第二种路径费用值为6.5,而第三种路径费用值为 $1.4 \times (1+2)/2=2.1$,因为是对角线距离,故在计算费用时要乘以距离值的一半,那么第三种路径作为最佳路径,输出栅格的值就为2.1。

⑤栅格逻辑叠加

栅格数据中的像元值有时无法用数值型字符来表示,不同专题要素用统一的量化系统表示也比较困难,故使用逻辑叠加更容易实现各个栅格层之间的运算。例如,某区域土壤类型包括黑土、盐碱土以及沼泽土,也可获得同一地区的土壤 pH 值以及植被覆盖类型相关数据,要求查询出土壤类型为黑土、土壤 pH 值小于 6 且植被覆盖以阔叶林为主的区域,将上述条件转化为条件查询语句,使用逻辑求交即可查询出满足上述条件的区域。

输入栅格				成本栅格				输出栅格			
		1	1	2	2	4	4	5.0	3.0	0.0	0.0
			1	4	4	3	3	3.5	2.5	2.8	0.0
a	2			2	1	4	1	1.5	0.0	2.5	2.0
b	c			2	5	3	3	2.1	3.0	2.8	4.0

图 7-9　交通费用计算

二值逻辑叠加是栅格叠加的一种表现方法,用 0 和 1 来表示假(不符合条件)与真(符合条件)。描述现实世界中的多种状态仅用二值远远不够,使用二值逻辑叠加往往需要建立多个二值图,然后进行各个图层的布尔逻辑运算,最后生成叠加结果图。符合条件的位置点或区域范围可以是栅格结构影像中的每一个像元,或者是四叉树结构影像中的每一个像块,也可以是矢量结构图中的每一个多边形。图层之间的布尔逻辑运算包括与(AND)、或(OR)、非(NOT)、异或(×OR)等,表 7-2 列出了布尔逻辑运算示例。

表 7-2　布尔逻辑运算示例

A	B	A AND B	A OR B	A NOT B	A × OR B
0	0	0	0	0	0
1	0	0	1	1	1
0	1	0	1	0	1
1	1	1	1	0	0

这里以垃圾场选址为例,阐述二值逻辑叠加模型的构建。根据是否考虑权重,该模型又分为二值非权重逻辑叠加模型和二值权重逻辑叠加模型。

假设某市政府要在辖区范围内选择理想地点建立一个垃圾场,有关垃圾场的选址条件如下所述:

a. 区域地表物质应具有低渗透率,以阻止可溶性物质快速渗入地下水中;

b. 区域与现有市政区域范围保持一定距离;

c. 区域不属于环境敏感区;

d. 区域应属于农业区,而非市政区或工业区;

e. 区域的地表平均坡度平稳,并小于某个极限值;

f. 区域不发生洪水。

当然,对于垃圾处理场所的选择可能还有其他的条件,例如是否位于风口、土地价格的高低等。这里仅例举以上条件来说明二值逻辑叠加模型的应用原理。

第一步是根据垃圾场选址条件组织有关图件资料,包括表土渗透性图、城区范围图、生态敏感度分布图、城乡区划图、地表坡度图和洪泛区分布图等。

第二步是建立垃圾场选址的模型。该模型将以上图层结合起来进行布尔逻辑运算,结果生成二值图,其中,值为1的地点表示满足上述垃圾场选址的全部条件,值为0的地点表示不满足垃圾场选址的所有条件。

a. 首先要将各个图层二值化(TRUE,FALSE)或(0,1)。根据每层图件的数据分类级别是否满足相应的布尔逻辑条件,将该层数据图转化成二值图,若图件数据的某分类级别满足相应的布尔逻辑条件,则该分类级别为TRUE(=1),否则为FALSE(=0)。本例中各层数据的布尔逻辑条件如下:

Ca——地表渗透性级别为低级;Cb——距离城区边界的距离大于1 km;Cc——生态敏感性为不敏感级别;Cd——土地利用类型为农业用地;Ce——地表坡度小于2°;Cf——不属于洪泛区范围。

b. 对于各输入数据层的布尔逻辑条件变量进行逻辑与运算,在区域某位置点上如果所有数据层的条件变量都是所要求的值,则结果变量 OUTPUT 为"1",其他情况下为"0"。

OUTPUT = Ca AND Cb AND Cc AND Cd AND Ce AND Cf

c. 生成二值图。满足条件的位置就是二值图中值为"1"的地点。

上例中,布尔集合值只包括两类,不是"1"就是"0"。但在实际应用中,很多布尔集合的值不是简单的"0"或"1",而是介于"0"和"1"之间的其他值。另外,垃圾场选址应用的是二值非权重逻辑叠加模型,在对多层数据的布尔逻辑组合中各个数据层的影响程度存在差异时,依据各个数据层的影响程度需要赋予不同的权重级别,二值权重逻辑叠加模型对于每个二值图层都乘以一个权重因子,然后再进行多个图层的二值图的布尔逻辑组合运算。

7.2.3 网络分析

现代社会是一个由计算机信息网络、电话通信网络、运输服务网络、能源和物质分派网络等组成的复杂网络系统,在地学研究中,很多领域都会遇到与网络相关的问题。这里的网络是指由地理实体抽象而形成的图或者网络图等表现形式,如交通道路网、供水网、排水管网,等等。在现实生活中往往需要根据一定的约束条件选择空间位置或者区域范围,要解决这类问题就必须利用基于网络数据的空间分析——网络分析。

常见的网络分析问题很多,例如,将一批货物从甲地运送到乙地,可以到达目的地的路线有多条,需要从诸多路线中选择一条路线使运输费用最低或者使运输时间最短;在某一区域建立消防站时,选择站点位置使消防队员到达事故地点的路途最短,而且使到达最远住宅所需时间必须在2~3分钟以内;确定某地一个水库的供水区域,使其供水范围最合理;在某一居民区内选择学校的位置,使之满足该区域内学生的求学需要;一个地区的地下管网(如给排水系统、煤气管道等)在发生泄露、破损或者人为破坏等事故时,管理人员如何及时掌握事故信息、采取相应措施,以改进与提高管网设施管理水平和效率等。

网络分析主要用来解决两大类问题:一类是研究由线状实体以及连接线状实体的点状实体组成的地理网络的结构,其中涉及优化路径的求解、连通分量求解等问题;另一类是研究资源在网络系统中的分配与流动,主要包括资源分配范围或服务范围的确定、最大流与最小费用流等问题。

1. 网络分析概述

网络分析是通过研究网络的状态以及模拟和分析资源在网络上的流动和分配情况，对网络结构及其资源等的优化问题进行研究的一种空间分析方法。网络分析的理论基础是运筹学和图论。运筹学是近代形成的一门应用科学，主要研究对象是各种有组织系统的管理问题及其经营活动，一般使用定量化的研究方法，尤其是运用数学模型来解决问题；图论是运筹学中有着广泛应用的一个分支，主要研究事物及其关系，任何一个能用二元关系描述的系统，都可以用图形提供数学模型。

在地理信息系统中，网络分析功能依据运筹学和图论原理，在计算机系统软硬件的支持下，将与网络有关的实际问题抽象化、模型化、可操作化，根据网络元素的拓扑关系（线性实体之间、线性实体与结点之间、结点与结点之间的连接、连通关系），通过考察网络元素的空间、属性数据，对网络的性能特征进行多方面的分析计算，从而为制定系统的优化途径和方案提供科学决策的依据，最终达到使系统运行最优的目标。

2. 网络数据模型

将图论中网络的概念引入到地理空间中描述和表达基于网络的地理目标，产生了地理网络。地理网络是 GIS 中一类独特的数据实体，是由若干线性实体相互连接形成的一个系统。现实世界中，资源由网络来传输，实体间的联络也由网络来实现。例如，城市公共汽车沿道路网运行形成公共交通网络，水库中的水流沿排水管流动形成排水管网络。GIS 中的地理网络与图论中的网络相比有其自身的特点，前者作为一种复杂的地理目标，除具有一般网络的边、结点间的抽象拓扑意义之外，还具有空间定位上的地理意义和目标复合上的层次意义。

网络数据模型是现实世界网络系统（如交通网、通信网、自来水管网、煤气管网等）的抽象表示。按照几何形态，空间实体被抽象为点、线、面目标，构成网络的最基本元素是线性实体以及这些实体的连接交汇点。前者称为网线或链（Link），后者称为结点（Node）。网络的几何形状可被数字化或由现有数据源导入，且必须具有实际应用的适当属性。

（1）链（Link）

链是构成网络的骨架，是现实世界中各种线路的抽象和资源传输或通信联络的通道，可以代表公路、铁路、街道、航线、水管、煤气管、输电线、河流等。链包括图形信息和属性信息，链的属性信息包括阻碍强度和资源需求量，链的阻碍强度是指在通过一条链时所需要花费的时间或者费用等，如资源流动的时间、速度。链是有方向的，当资源沿着网络中的不同方向流动时所受到的阻碍强度可能相同，也可能不同。例如，在一条河道中，一条轮船沿顺流和逆流两个方向行船所受到的阻碍强度是不同的，顺流时花费时间比较少，而逆流就要花费较长的时间。链的资源需求量是指沿着网络链可以收集到的或者可以分配给一个中心的资源总量。网络中不同的链有不同的需求量，但一条链上只有一个资源需求量。例如，一条街道上居住了 3 个学生，那么这条街道对学校的资源需求量就是 3。在网络的资源分配中，必须严格考虑资源的需求量，分配给一个中心的各个弧段资源需求量的总和不能超过该中心的资源需求总容量。在路径分析中，资源需求量是一个可选择的属性，如果选择了这个属性，资源需求总量就会沿着所经历的弧段累积起来。

（2）结点（Node）

结点是网线的端点，又是网线的汇合点，可以表示交叉路口、中转站、河流汇合点等，其状态属性除了包括阻碍强度和资源需求量等，还有下面几种特殊的类型。

① 障碍(Barrier):禁止资源在网络中的链上流动的点。

②拐点(Turn):出现在网络链中的分割结点上,状态属性有阻碍强度,如拐弯的时间和限制(例如在8:00到18:00不允许左拐等)。在地理网络中,拐点对资源的流动有很大影响,资源沿着某一条链流动到有关结点后,既可以原路返回,也可以流向与该结点相连的任意一条链,如果阻碍强度值为负数,则表示资源禁止流向特定的弧段。在有些 GIS 平台(如 ARC/INFO,MAPGIS)中,结点可以具有转角数据,可以更加细致地模拟资源流动时的转向特性。每个结点可以拥有一个转向表(Turn Table),每个转向表包括交叉的结点数、转向涉及的弧段数和阻碍强度。

③中心(Center):网络中具有一定的容量,能够接受或分配资源的结点所在的位置。如水库、商业中心、电站、学校等,其状态属性包括资源容量(如总量)、阻碍强度(如中心到链的最大距离或时间限制)。资源容量决定了为中心服务的弧段的数量,分配给一个中心的弧段的资源需求量总和不能超过该中心的资源容量。中心的阻碍强度是指沿某一路径到达中心所经历的弧段总阻碍强度的最大值。资源沿某一路径流向中心或由中心分配出去的过程中,在各弧段和路径的各拐弯处所受到的阻碍强度的总和不能超过中心所能承受的阻碍强度,弧段按一定顺序分配给中心直至达到中心的阻碍强度,因而在这个过程中弧段可以一部分分配给中心。

④站点(Stop):在路径选择中资源增减的结点,如库房、车站等。其状态属性有两种,一种是站的阻碍强度,它代表与站有关的费用、时间等,如在某个库房装卸货物所用时间等;一种是站的资源需求量,如产品数量、学生数、乘客数等。站的需求量为正值时,表示在该站上增加资源;若为负值,则表示在该站上减少资源。

3.网络分析功能

(1)路径分析

路径分析是 GIS 中最基本的功能,其核心是对最佳路径的求解。从网络模型的角度看,最佳路径的求解是在指定网络的两个结点之间找一条阻碍强度最小的路径,求解方法有几十种,其中,戴克斯徒拉(Dijkstra)算法被 GIS 广泛采用,其基本思路是由近及远寻找起点到其他所有结点的最佳路径,直至到达目标结点。

另一种路径分析功能是求解最佳游历方案,又分为弧段最佳游历方案求解和结点最佳游历方案求解两种。弧段最佳游历方案求解是给定一个边的集合和一个结点,使之由指定结点出发至少经过每条边一次而回到起始结点,图论中称为中国邮递员问题;结点最佳游历方案求解则是给定一个起始结点、一个终止结点和若干中间结点,求解最佳路径,使之由起点出发遍历(不重复)全部中间结点而到达终点,图论中称为旅行推销员问题。较好的近似解法有基于贪心策略的最近点连接法、最优插入法、基于启发式搜索策略的分枝算法和基于局部搜索策略的对边交换调整法等。

(2)连通分析

现实中常需要知道从某一结点或边出发能够到达的全部结点或边,这一类问题称为连通分量求解;另一类连通分析问题是求解最少费用连通方案,即在耗费最小的情况下使全部结点相互连通。连通分析对应图的生成树求解,通常采用深度优先遍历或广度优先遍历生成相应的树,最少费用求解过程则是生成最优生成树的过程,一般使用 Prim 算法或 Kruskal 算法。

（3）资源分配

资源分配也称定位与分配问题,包括目标选址和将需求按最近(这里远近是按加权距离来确定的)原则寻找供应中心(资源发散或汇集地)两个问题。人类活动中很多问题都是以寻找满足某种优化条件的最佳位置为目标的,然而这样的位置并不容易确定,常常要利用一些工具,定位与分配就是常见的定位工具,常用的算法是 P 中心模型。

（4）流分析

流是资源在结点间的传输。流分析问题主要是按照某种优化标准(时间最少、费用最低、路程最短或运送量最大等)设计的运送方案,网络流理论是其基础理论。为了实施流分析,要根据最优化标准的不同扩充网络模型,例如把结点分为发货中心和收货中心,分别代表资源运送的起始点和目标点,这时发货中心的容量代表待运送资源量,收货中心的容量代表它所需要的资源量;弧段的相关数据也要扩充,如果最优化标准是运送量最大,则需设定边的传输能力,如果目标是使费用最低,则要为边设定传输费用等。

（5）动态分段

动态分段技术是 GIS 网络分析中一种基于网络线的动态分析、显示和绘图技术。通过建立一种比"弧段 – 结点"数据模型高级的"动态段 – 动态结点"模型,来实现根据不同的属性按照某种度量标准对线性要素进行相对位置的划分。动态分段技术能够很好地将线性特征、地理坐标与线性参照系统结合,可以极大地增强线性特征的处理功能,因而广泛应用于公路、铁路、河流等线性特征的数据采集、路面质量管理、公共交通系统管理、河流管理、航海路线模拟以及通信和分配网络(如电网、电话线路、电视电缆、给排水管)模拟等领域。

（6）地址匹配

地址匹配实质是对地理位置的查询,涉及地址的编码。地址匹配与其他网络分析功能结合起来,可以满足实际工作中复杂的分析要求。所需输入的数据包括地址表和含地址范围的街道网络及待查询地址的属性值。

4. 最佳路径分析

最佳路径分析也称最优路径分析,以最短路径分析为主,一直是计算机科学、运筹学、交通工程学、地理信息科学等学科的研究热点。这里的"最佳"包含很多含义,不仅指一般地理意义上的距离最短,还可以是成本最少、耗费时间最短、资源流量(容量)最大、线路利用率最高等标准。很多网络相关问题,如最可靠路径问题、最大容量路径问题、易达性评价问题和各种路径分配问题均可纳入最佳路径问题的范畴之中。无论判断标准和实际问题中的约束条件如何变化,其核心实现方法都是最短路径算法。

地理网络因地理元素属性的不同而表现为同形不同性的网络形式,为了进行网络路径分析,需要将网络转换成加权有向图,即给网络中的弧段赋以权值,权值要根据约束条件而确定。若一条弧段的权表示起始结点和终止结点之间的长度,那么任意两结点间的一条路径的长度即为这条路上所有边的长度之和。最短路径问题就是在两结点之间的所有路径中,寻求长度最小的路径,这样的路径称为两结点间的最短路径。

最短路径问题的表达是比较简单的,从算法研究的角度考虑最短路径问题通常可归纳为两大类:一类是所有点对之间的最短路径问题,另一类是单源点间的最短路径问题。

5. 连通分析

在现实生活中,常有类似于在多个城市间建立通信线路的问题,即在地理网络中从某一点出发能够到达的全部结点或边有哪些,如何选择对于用户来说成本最小的线路,是连通分析所要解决的问题。连通分析的求解过程实质上是对应的图的生成树的求解过程,其中研究最多的是最小生成树问题。最小生成树问题是带权连通图一个很重要的应用,在解决最优(最小)代价类问题上用途非常广泛。迄今为止,国内外众多学者对赋权无向图中的最小生成树问题进行了许多有价值的研究,提出了若干有效的算法,常见的有避圈法和破圈法;对于赋权有向图的最小生成树问题,Edmonds 提出了一种用以求解具有非负权重问题的启发式算法,冯俊文借助有向图的表格表示提出了一种较为有效的基于表格的算法——表上作业法。对于有向图的最小生成树问题,在计算机系统工程、电子技术等相关的文献中都有比较详细的叙述,限于篇幅,这里主要阐述赋权无向图的最小生成树问题及其算法。

6. 资源分配

资源分配也称定位与分配问题。在多数的应用中,需要在网络中选定几个供应中心,并将网络的各边和点分配给某一中心,使各中心所覆盖范围内每一点到中心的总的加权距离最小,这实际上包括定位与分配两个问题。定位是指已知需求源的分布,确定在哪里布设供应点最合适的问题;分配指的是已知供应点,确定其为哪些需求源提供服务的问题。定位与分配是常见的定位工具,也是网络设施布局、规划所需的一个优化的分析工具。

7. 流分析

地理网络中不断地进行着物质和能量的流动,形成了各种各样的流。人流、物流和能量流等在网络中的流动是有方向的,由流入点进入网络的流量和最终到达流出点的流量是相等的,且这些资源的流量不能超过网络的最大流量。流分析就是根据网络元素的性质选择将目标经输送系统由一个地点运送至另一个地点的优化方案,网络元素的性质决定了优化的规则。寻找网络中从固定的出发点到终点的最大流或费用最小流及流向,对于交通运输方案的制定、物资紧急调运以及管网路线的布设等具有重要意义。

流分析问题可以采用线性规划法来求解,但网络的线性规划方程一般都相当复杂,因此,常用的求解方法是根据实际的网络,利用图的方法来解决问题,网络流理论为其基础理论。

(1)网络最大流问题

最大流问题是一类经典的组合优化问题,也可以看作是特殊的线性规划问题,在电力、交通、通信、计算机网络等工程领域和物理、化学等科学领域有着广泛的应用,许多其他的组合优化问题也可以通过最大流问题求解。

(2)网络的最小费用流问题

最小费用流问题本身的一般提法是:设 $D = (V, E, c, w)$ 是一个带发点 v_s 和收点 v_t 的容量 – 费用网络,对于任意 $(v_i, v_j) \in E$,c_{ij} 表示弧 (v_i, v_j) 上的容量,w_{ij} 表示弧 (v_i, v_j) 上通过单位流量的费用,w_i 和 w_j 分别表示结点 v_i 和 v_j 通过单位流量的费用,设 f 是该网络上的一个可行流,定义 f 的费用为

$$w(f) = \sum_{(v_i, v_j) \in E} w_{ij} f_{ij} + \sum_{v_i \in v} w_i f_i \qquad (7-3)$$

设 v_0 是给定的非负数,最小费用流问题可以描述为在上述网络中求出一个流值为 v_0 的费用最小的可行流,也可以理解为如何制定运输方案使得从 v_s 到 v_t 恰好运送流值为 v_0 的流且总运费最小。

在网络中沿着最短路径增广得到的可行流的费用为最小,确定最小费用流的过程实际上是一个多次迭代的过程,其基本思想是从零流为初始可行流开始,在每次迭代过程中对

每条边赋予与容量、费用、现有流的流量有关的权数,形成一个赋权有向图,再用求最短路径的方法确定由发点到收点的费用最小的非饱和路径,沿着该路径增加流量,得到相应的新流。经过多次迭代,直至达到指定流值的新流为止。

8. 动态分段技术

动态分段技术是 GIS 网络分析中的一种重要的技术手段,1987 年由美国威斯康星交通厅的戴维·弗莱特首先提出。动态分段技术是用于实现将地理线性要素与现实交通网络中的道路状况、事故等链接起来的动态分析、显示和绘图技术。传统的"弧段 - 结点"数据模型具有静态性、属性唯一性、信息分散性和冗余性等不足,无法完好地表达现实世界中线性要素属性中的多重"事件"。动态分段可以有效地解决多重属性线性要素的表达问题,将属性从点 - 线的拓扑结构中分离出来,通过线性要素的量度(如里程标志)来利用现实世界的坐标,把线性参考数据(如道路质量、河流水质、事故等)链接到一个有地理坐标参考的网络中,也可称为一种建立在线性特征基础上的数据模型。

(1)动态分段方法及特点

现有的地理信息系统中,线状特征多数是用"弧段 - 结点"模型来模拟,该模型主要由弧段组成,弧段有两个结点,而且每条弧段由一组坐标串和与之相连的属性信息组成,但该模型局限于模拟描述线性系统的静态特征,而对于诸如弧段所对应的属性是一对多的关系、弧段的属性需要分段处理等情况,则有些捉襟见肘。

"要素 - 属性"的一对多关系是指某一线状实体在同一位置所对应的属性信息是多个的情况。例如,在城市中一条道路有多条公交线路经过,而经过每条道路上的公交线路数目可能不同。在"弧段 - 结点"模型中,一条弧段只与属性表中的一条记录对应,为了表达这种一对多的关系,用来存储属性信息的关系表就会越来越长,但有些弧段的某些数据项还可能是空的,产生严重的数据冗余;有时一条弧段的属性在某一段发生变化,就必须在属性变化处打断弧段增加结点来反映属性的变化,如果多处发生变化,要增加的结点就会很多,管理、更新整个线性系统很困难,在属性段有重叠的情况下,将会更加复杂;另外,在以往的网络数据模型中都用网络结点(弧段的端点)作为站点、中心,现实世界中站点有可能不是恰好位于弧段的交点上,而是位于弧段的中部,这种情况对于传统的数据模型来说就比较难表达。"弧段 - 结点"数据模型采用 x、y 坐标来定位点、线、多边形和高级对象,但地理网络所要模拟的客观事物通常是采用线性系统的相对定位方法,即采用与某个参考点的相对距离来定位。例如,交通部门一般用线性定位参照系来确定沿道路和运输路径的事件(如事故和道路质量)和设施(如桥梁和管路等),即从已知点(如路径的起点、里程标志或道路交叉口)用距离量测来确定事件的位置。

动态分段模型用路径、量度和事件把平面坐标系统与线性参照系统有机地组合在一起,在保留网络图层的原始几何特征的同时,利用相对位置的信息将地理网络与现实世界连接起来,能够有效地解决线性要素多重属性的表达问题,而且尽可能地减少数据冗余。动态分段是对现实世界中的线性要素及其相关属性进行抽象描述的数据模型和技术手段,可以根据不同的属性按照某种度量标准(如距离、时间等)对线性要素进行相对位置的划分。对同一个线性要素,可以根据不同的度量标准得到不同的相对位置划分方案,相对位置信息存储在线性要素的某个属性字段中,用它可以确定线性要素上的不同分段。在动态分段中,线性要素的定位不是使用 x、y 坐标,而是使用相对位置的信息来实现的。例如,说明一个站点的位置,可以用(2 341,5 657)来定位,也可以用"距学校 5 km"来表示,后者便是动态分段的定位方法。

动态分段是可以用相互关联的量测尺度来表示线性要素的多种属性级的技术,主要特点如下:

①无须重复数字化就可以进行多个属性集的动态显示和分析,减少了数据冗余;

②不需要按属性集对线性要素进行真正的分段,仅在需要分析、查询时动态地完成各种属性数据集的分段显示;

③所有属性数据集都建立在同一线性要素位置描述的基础上,即属性数据组织独立于线性要素位置描述,易于数据更新和维护;

④可进行多个属性数据集的综合查询与分析。

(2)动态分段模型

动态分段模型在"弧段 – 结点"模型的基础上进行了扩展,引入段(Section)、路径(Route)、事件(Event)、路径系统(Route System)等分别用来模拟线性系统中的不同特征。

弧段、段和路径都可以用来表示线性特征。弧段(Arc)是线状目标数据采集、存储的基本单元,矢量 GIS 中的弧段一般通过数字化获得,弧段的一部分作为边参与网络的生成,或者多条弧段合并成一条边参与网络的生成。

段(Section)是一条弧段或者其中某一部分,段与段之间反映了沿路径方向线性特征属性的变化,段的属性记录在段属性表中,通常分为两部分:第一部分反映了段与路径、弧段之间的图形和位置关系,实际上,它只记录了段在这个部分的起止位置,而不记录段所经由的各个内点的坐标,如果要提取段的几何数据,可以通过它所引用的弧段和起止位置联合计算获得;第二部分是用户定义的属性。段没有被单独作为弧段数字化,因而不是传统意义上的弧段,称为动态段。与之相对应的是动态结点,是基于某种度量标准记录的弧段上的相对位置,通常采用沿弧段方向的长度比率,如果动态结点恰好位于弧段的首点或尾点,那么就与结点一致。网络图层记录所有动态结点的集合,其中包括结点和纯动态点,而段属性表中记录的是它们在动态结点集中的索引号。

路径(Route)是一个定义了属性的有序弧段的集合,可以代表线性特征如高速公路、城市街道、河流等。一条路径至少应包括一条弧段的一部分,它可以表示具有环、分叉和间断点的复杂线状特征。一条路径通常由一些段组成,每个段有起始和终止位置以定义其在弧上的位置。根据段在路径中的位置,采用相对定位的方法,给定路径起始位置一个度量值(通常为0),路径上其余位置则相对于该起始位置来度量,单位可以是距离、时间等。一个段将定义路径的起始和终止度量,起始和终止度量将决定路径沿弧的方向,但它的起止点并不一定与原始的线性要素相一致。段和路径分别有各自的属性表,用户可以给路径中的每个段添加属性,生成路径的优点就在于用户在路径上定义线性特征的属性完全不会影响下面的弧段。每个路径都与一个度量系统相关,如前所述,段的属性(或称事件)等是根据这一度量标准来定位的。路径系统(Route System)是具有共同度量体系的路径和段的集合,是动态分段的基础,只有在建立路径系统的基础上,才能够将外部属性数据库以事件的形式生成事件主题,从而进行动态的查询、管理与分析。

事件(Event)是路径的一个部分或某个点上的属性,如道路质量、河流水质、交通事故等。事件包括点事件(Point Events)、线事件(Linear Events)和连续事件(Continuous Events)。

①点事件:描述路径系统中具体点(如加油站、交通事故等)的属性。

②线事件:描述路径系统的不连续部分的属性。

③连续事件:描述覆盖整个路径的不同部分的属性。

动态分段的核心是如何生成动态段。由前面介绍的相关定义可知,动态分段模型的基础仍然是"弧段－结点"模型,动态段在此基础上生成,主要有三个步骤:首先,确定动态结点的插入位置;其次,更新弧段表和结点表,生成动态段表和动态结点表;最后,更新动态段的属性数据。

（3）动态分段的应用

动态分段模型有效地提高了 GIS 网络分析功能的实用性和正确性,除了应用于公路、铁路、河流等线性特征的数据采集、路面质量管理、河流管理,还可应用于公共交通系统管理、地图制图、航海路线模拟以及通信和分配网络(如电网、电话线路、电视电缆、给排水管)模拟等领域。在计算机制图时,有些线性要素在空间数据库中表现为同一弧段,而不同位置却需要标注不同内容,可以利用动态分段技术实现这一要求。

①动态分段在交通 GIS 中的应用

交通 GIS（GIS－T）是地理信息系统中的一个重要分支,是公路、铁路、水路、航空、管网和通信线路等线性空间要素分析和建模的工具,也是研究地理要素沿线性网络系统运动、变化和发展的有力手段。由于交通数据和交通模型具有与一般线性要素不同的特性,因此,GIS－T 在数据处理和模型分析方面也有其特殊考虑,而线性参照系统（Linear Reference System,LRS）及动态分段技术已成为 GIS－T 实现的关键技术。

下面以公路地理信息系统为例,介绍以动态分段的思想来组织空间数据和属性数据的方法。

首先,建立独立于属性数据组织的空间数据库。将每条公路按照精确参照点分段,将每段按照一条弧段进行数字化,建立起空间数据库。这里的精确参照点是指公路底图上能精确标明其公路里程的参照点。

其次,通过拓扑关系建立一般意义下的属性表,它与空间数据之间是一一对应的关系,此属性表称为段属性表。在这个表中添加下列字段:路线编码、起点里程、止点里程、起点百分比、止点百分比。其中,路线编码表示一条公路的编码,起点里程和止点里程分别为公路的起止点里程值,起点百分比和止点百分比表示弧段走向。

最后,基于线性参照系统组织属性数据。基于动态分段思想建立的空间数据库和属性数据库可以进行各种查询、分析以及显示等功能。

②动态分段在河流水质扩散模拟中的应用

在利用地理信息系统及动态分段技术进行河流一维水质扩散模拟和空间显示分析中,通过建立动态分段数据库,能够动态地显示某一河段不同污染物的不同的浓度变化规律,区分出空间上同属一个河段的不同分段的属性特征。动态分段的实现首先要建立段属性表以及路径属性表,然后通过建立事件表与路径表之间的关联来完成。根据河流及其断面设置情况,建立路径系统,赋予各个动态段河流水质属性,从而进行河流水质动态模拟、分析与监测。

③动态分段在生成 DEM 中的应用

国外有关学者利用动态分段技术进行了 DEM 插值技术方法的尝试。研究表明,在利用栅格数据进行空间插值时,如果处理区域范围很大而且在很长距离上高程几乎没有变化,而这一区域的高程数据又很少时,利用动态分段技术插补高程值可以提高生成 DEM 的精确性。

9. 地址匹配

地址匹配(Address Matching)是一种基于空间定位的技术,是地理编码(Geocoding)的核心技术,它提供了一种把描述成地址的地理位置信息转换成可以被用于 GIS 系统的地理坐标的方式,它将只有属性数据的源表中记录的某个字段的值与地址数据库中的地理实体的对应字段的属性值进行匹配尝试,如果匹配成功,就将地理实体的地理坐标赋给源表中的记录,从而实现源表记录的地理编码。利用地址匹配技术可以在地理空间参考范围中确定数据资源的位置,建立空间信息与非空间信息之间的联系,实现各种地址空间范围(即行政区、人口普查区、街道)内的信息整合。因此,地址匹配在城市空间定位和分析领域内具有非常广泛的应用,如商业上的区位分析、选址分析等,以及资源环境管理、城市规划建设以及公安部门 119、110 报警系统等基于位置的服务应用。

第8章 GIS 空间分析

8.1 缓冲区分析

8.1.1 缓冲区的定义

缓冲区分析(Buffer)是对选中的一组或一类地图要素(点、线或面)按设定的距离条件,围绕其要素而形成一定缓冲区多边形实体,从而实现数据在二维空间中得以扩展的信息分析方法。缓冲区应用的实例有:污染源对其周围的污染量随距离而减小,确定污染的区域;为失火建筑找到距其 500 米范围内所有的消防水管等。下面着重介绍缓冲区原理及其在 ArcGIS 中的实现。

缓冲区是地理空间目标的一种影响范围或服务范围在尺度上的表现。它是一种因变量,因所研究的要素的形态而发生改变。从数学的角度来看,缓冲区是给定空间对象或集合后获得的它们的邻域,而邻域的大小由邻域的半径或缓冲区建立条件来决定,因此对于一个给定的对象 A,它的缓冲区可以定义为

$$P = \{x \mid d(x,A) \leq r\} \tag{8-1}$$

其中,d 指距离,也可以是其他的距离,r 为邻域半径或缓冲区建立的条件。

缓冲区建立的形态多种多样,这是根据缓冲区建立的条件来确定的,对于点状要素常用圆形,也有三角形、矩形和环形等;对于线状要素有双侧对称、双侧不对称或单侧缓冲区;对于面状要素有内侧和外侧缓冲区。虽然它们形状各异,但是可以适应不同的应用要求,建立的原理都是一样的。点状要素、线状要素和面状要素的缓冲区如图 8-1 所示。

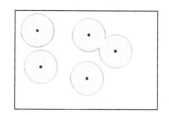
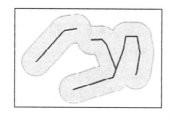
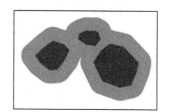

点状要素的缓冲区　　　　　线状要素的缓冲区　　　　　面状要素的缓冲区

图 8-1　点状要素、线状要素和面状要素的缓冲区

8.1.2 缓冲区的建立

从原理上来说,缓冲区的建立相当简单,点状要素直接以其为圆心,以要求的缓冲区距离大小为半径绘圆,所包容的区域即为所要求区域,点状要素因为是在一维区域里所以较为简单;而线状要素和面状要素则比较复杂,它们的缓冲区的建立是以线状要素或面状要素的边线为参考线来做其平行线,并考虑其端点处建立的原则,但是在实际中处理起来要

复杂得多,主要有两种方法。

1. 角平分线法

该方法的原理是首先对边线作其平行线,然后在线状要素的首尾点处作其垂线并按缓冲区半径 r 截出左右边线的起止点。在其他的折点处,用与该点相关联的两个相邻线段的平行线的交点来确定,如图 8 - 2 所示。

该方法的缺点是在折点处无法保证双线的等宽性,而且折点处的夹角越大,d 就越大,故而误差就越大,所以要有相应的补充判别方案来进行校正处理。

2. 凸角圆弧法

该方法的原理是首先对边线作其平行线,然后在线状要素的首尾点处作其垂线并按缓冲区半径 r 截出左右边线的起止点,然后以 r 为半径分别以首尾点为圆心,以垂线截出的起止点为圆的起点和终点作半圆弧。在其他的折点处,首先判断该点的凹凸性,在凸侧用圆弧弥合,在凹侧用与该点相关联的两个相邻线段的平行线的交点来确定,如图 8 - 3 所示。

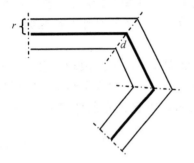

图 8 - 2　角平分线法

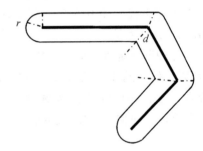

图 8 - 3　凸角圆弧法

该方法在理论上保证了等宽性,减少了异常情况发生的概率。该方法在计算机实现自动化时非常重要的一点是对凹凸点的判断,需要利用矢量的空间直角坐标系的方法来进行判断处理。

在 ArcGIS 中建立缓冲区的方法是基于生成多边形(缓冲向导)的操作来实现的,它是根据给定的缓冲区的距离,对点、线和面状要素的周围形成缓冲区多边形,完全是基于矢量结构,从操作对象、利用矢量操作方法建立缓冲区的过程到最后缓冲区的结果全部是矢量的数据。下面举例介绍在 ArcGIS 中建立缓冲区的方法。

对区域内的消防站的影响覆盖范围(以 1 000 米为例)做分析。

(1)对点文件 school 进行分析操作,在主菜单中单击【自定义】|【自定义模式】,打开"自定义"对话框,单击"命令"标签,如图 8 - 4 所示。

(2)在"类别"列表框中选择"工具",然后在右边的"命令"列表框中选择"缓冲向导",将其拖动到工具栏上的空处,出现图标 。

(3)利用选择要素工具 ,选择要进行分析的代表消防站的点状要素,然后单击 图标,出现"缓冲向导"对话框,如图 8 - 5 所示。选中要进行缓冲区分析的文件"school",其中有选择要素时勾选"仅使用所选要素"(仅对已选择主题中的元素进行分析)复选框,单击【下一步】按钮。

(4)在弹出的对话框(如图 8 - 6 所示)中可选择建立不同种类的缓冲区的方式。

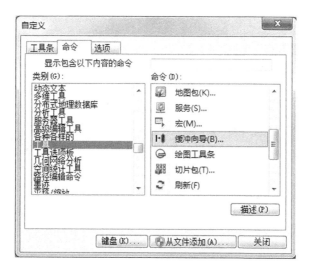

图 8 - 4　"自定义"对话框

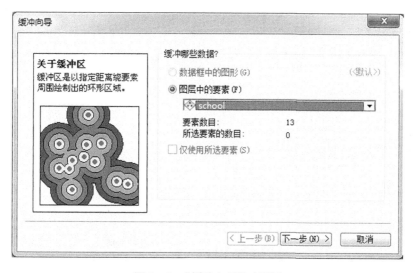

图 8 - 5　"缓冲向导"对话框

①"以指定的距离":以一个给定的距离建立缓冲区(普通缓冲区)。

②"基于来自属性的距离":以分析对象的属性值作为距离建立缓冲区(属性值缓冲区,各要素的缓冲区大小不一样)。

③"作为多缓冲区圆环":建立一个给定环个数和间距的分级缓冲区(分级缓冲区)。

(5)选中"以指定的距离",给定 1 000 米作为缓冲范围,距离单位可以设置。

(6)单击【下一步】按钮,打开如图 8 - 7 所示的对话框。

①"融合缓冲区之间的障碍":是否将相交的缓冲区融合在一起。

②"创建缓冲区使其":选择对多边形进行的内缓冲或外缓冲。

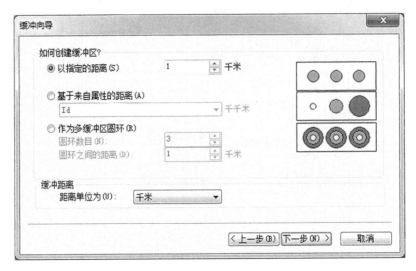

图 8-6　缓冲区设置(1)

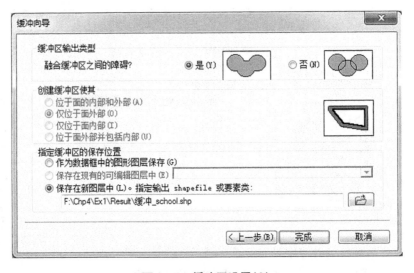

图 8-7　缓冲区设置(2)

③"指定缓冲区的保存位置":对生成文件的选择,第一个是生成一个图形文件,第二个是选择是否在已经生成的文件上添加,第三个是重新生成一个新的文件。选择最后一项需给定其存放路径和文件名。

(7)单击【完成】按钮,建立的缓冲区如图 8-8 所示。

以上是点状要素的缓冲区的建立。而线状要素的缓冲区,要素的空间形态的不同使得缓冲区形状不同,但是缓冲区的类型是一样的,它们同样存在着普通、分级、属性权值和独立缓冲区,且建立的操作步骤和点状要素的一样。图 8-9 是其中一种线状要素缓冲区建立的结果。

面状要素也可以进行建立缓冲区的操作,有面状要素的内缓冲区和外缓冲区之分。在ArcGIS 中,面状要素缓冲区的建立有 4 种选择:

（1）位于面的内部和外部（内外缓冲区之和）；

（2）仅位于面外部（仅仅只有外缓冲区）；

（3）仅位于面内部（仅仅只有内缓冲区）；

（4）位于外部并包括内部（外缓冲区和原有图形之和）。

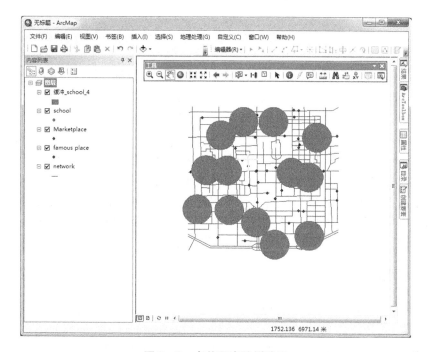

图 8 - 8　点状要素的缓冲区

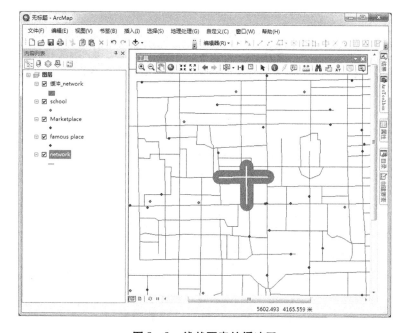

图 8 - 9　线状要素的缓冲区

除了利用缓冲向导建立缓冲区的方法之外,还可以利用距离制图的方法,这种是基于栅格的方法。缓冲区多边形建立后,下一步将进行缓冲区分析,即将缓冲区多边形与需要进行缓冲区分析的图层叠加分析,得到需要的结果。

8.2 叠 加 分 析

叠加分析是地理信息系统中常用的用来提取空间隐含信息的方法之一。叠加分析是将有关主题层组成的各个数据层进行叠加产生一个新的数据层,其结果综合了原来两个或多个层要素所具有的属性。同时,叠加分析不但生成了新的空间关系,而且还将输入的数据层的属性联系起来产生了新的属性关系。其中,被叠加的要素层必须是基于相同坐标系统的,同一地带还必须查验叠加层的基准面是否相同。

从原理上来说,叠加分析是对新要素的属性按一定的数学模型进行计算分析,其中往往涉及逻辑交、逻辑并、逻辑差等的运算。根据操作要素的不同,叠加分析可以分成点与多边形叠加、线与多边形叠加、多边形与多边形叠加;根据操作形式的不同,叠加分析可以分为图层擦除、识别叠加、交集操作、对称区别分析、图层合并和修正更新,以下就这 6 种形式分别介绍叠加分析的操作,同时对属性进行一定的操作。

8.2.1 图层擦除

图层擦除是指根据擦除参照图层的范围大小,将擦除参照图层所覆盖的输入图层内的要素去除,最后得到剩余的输入图层的结果。从数学的空间逻辑运算的角度来说,即 $A - A \cap B$(即 $x \in A$ 且 $x \notin B$,A 为输入图层,B 为擦除层),具体表现如图 8 – 10 所示。

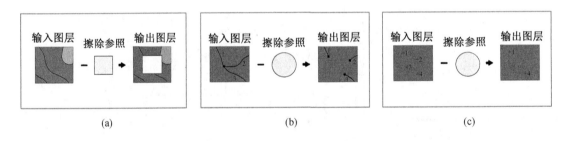

(a)   (b)   (c)

图 8 – 10　图层擦除的 3 种形式
(a)多边形与多边形;(b)线与多边形;(c)点与多边形

在 ArcGIS 中实现以上的操作,具体步骤如下。

(1)打开 ArcMap 主界面,打开 ArcToolbox 工具箱,单击【分析工具】|【叠加分析】|【擦除】,打开"擦除"对话框,如图 8 – 11 所示。

(2)在"擦除"对话框中设置"输入要素""擦除要素"和"输出要素类"等参数。

(3)单击【确定】按钮,完成操作。

需要注意的是,在 ArcGIS 中擦除图层必须是多边形图层。

图 8 – 11　"擦除"对话框

8.2.2　标识叠加

输入图层和另外一个图层进行识别叠加,在图形交叠的区域,识别图层的属性将赋给输入图层在该区域内的地图要素,同时也有部分的图形的变化在其中,具体表现如图 8 – 12 所示。

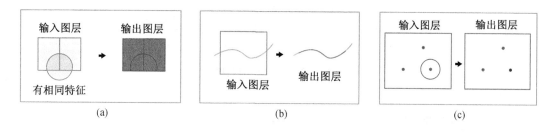

图 8 – 12　标识叠加的 3 种形式
（a）多边形与多边形；（b）线与多边形；（c）点与多边形

其在 ArcGIS 中的具体操作如下:

（1）从 ArcToolbox 中单击【分析工具】|【叠加分析】|【标识】,打开"标识"对话框,如图 8 – 13 所示。

（2）设置"输入要素""标识要素""输出要素类"等参数。"连接属性"为可选,默认为全部属性连接,即输出要素属性表由输入要素属性和标识要素属性组合而成。

（3）单击【确定】按钮,完成操作。

需要注意的是,在 ArcGIS 中标识图层必须是多边形图层。

8.2.3　相交操作

相交操作是通过叠加处理得到两个图层的交集部分,并且原图层的所有属性将同时在得到的新的图层上显示出来。即 $x \in A \cap B (A 、B$ 分别是进行交集的两个图层)。由于点、线、面三种要素都有可能获得交集,所以它们的交集的情形有七种,现举例如图 8 – 14 所示。

相交操作在 ArcGIS 中的实现如下（以多边形为例）。

（1）在 ArcToolbox 中单击【分析工具】|【叠加分析】|【相交】，打开"相交"对话框，如图 8-15 所示。

（2）在"输入要素"中逐个指定要进行相交的图层，单击 ➕ 按钮将图层添加进"要素"列表中；在"输出要素类"中设置输出要素类的路径和名称，在"连接属性"中选择要进行连接的属性字段，默认为 ALL。

（3）单击【确定】按钮，完成操作。

需要注意的，当同时输入的几个图层是不同维数时（如线和多边形、点和多边形、点和线），输出结果的几何类型是输入图层中最低维数的几何形态。

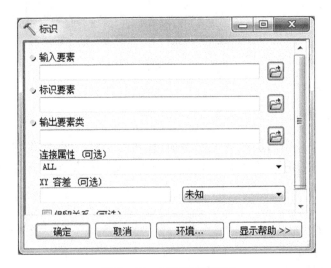

图 8-13   "标识"对话框

8.2.4   交集取反

在矢量的叠加分析中有时只需获得两个图层叠加后去掉其公共区域后剩余的部分。新生成的图层的属性也是综合两者的属性而产生的。用逻辑代数运算方式可表示为 $x \in (A \cup B - A \cap B)$（$A$、$B$ 为输入的两个图层），如图 8-16 所示。

需要注意的是，在进行交集取反操作时，无论是输入图层还是差值图层都必须是多边形图层。虽然在理论上点和线与多边形可以进行此类叠加分析，但从层的角度来考虑，不同维数的几何形态进行交集取反的叠加分析，最后得到的图层内会存在不同的几何形态，即一个图层出现两种形态，所以 ArcGIS 中只能对多边形进行此类操作。

实现过程如下：

（1）在 ArcToolbox 中单击【分析工具】|【叠加分析】|【交集取反】，打开对话框；

（2）设置输入要素、更新要素、输出要素类的文件路径和名称，在"连接属性"中选择要进行连接的属性字段，默认为 ALL；

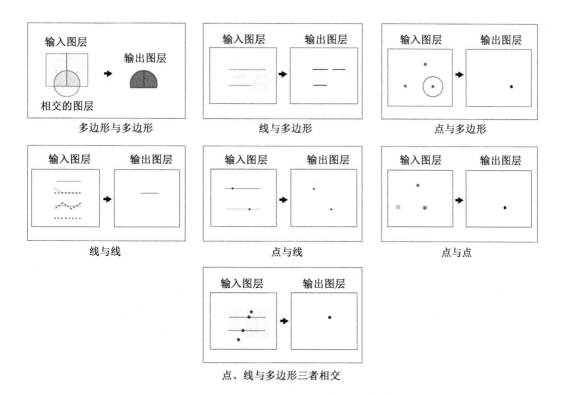

图 8 - 14　点、线、面相交的几种类型

(a)多边形与多边形;(b)线与多边形;(c)点与多边形

图 8 - 15　"相交"对话框

（3）单击【确定】按钮，完成操作。

交集取反工具对原有图层的属性值字段也进行了操作，将更新图层的属性添加在了输入图层的后面，进行赋零操作。原有的更新图层添加到输入图层的那部分图形只保留了原有的更新图层的属性，而其他的属性为零。

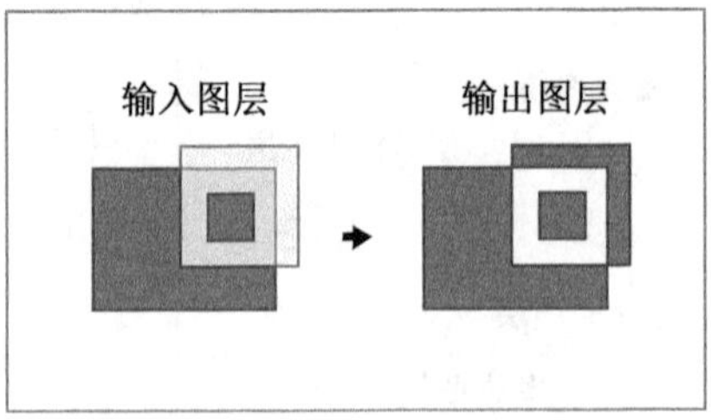

8.2.5 图层联合

图层联合是指通过把两个图层的区域范围联合起来而保持来自输入地图和叠加地图的所有地图要素。在布尔运算上用的是"or"关键字，即"输入图层 or 叠加图层"，因此输出的图层应该对应输入图层或叠加图层或两者的叠加的范围。同时，在图层联合时要求两个图层的几何特性必须全部是多边形。图层联合将原来的多边形要素分割成新要素，新要素综合了原来两层或多层的属性。多边形图层联合的结果通常就是把一个多边形按另一个多边形的空间格局分布，几何求交而划分成多个多边形，同时进行属性分配将输入图层对象的属性拷贝到新对象的属性表中，或把输入图层对象的标识作为外键直接关联到输入图层的属性表中。图层联合用逻辑代数可表示为 $\{x \in A \cup B\}$（A、B 为两个输入图层），如图 8-17 所示。

操作步骤如下。

（1）单击 ArcToolbox 中的【分析工具】|【叠加分析】|【联合】，打开"联合"对话框，如图 8-18 所示。

（2）在"输入要素"中逐个添加要联合的要素，单击 ➕ 按钮将图层添加进"要素"列表框中。在"输出要素类"中设置输出要素类的路径和名称；在"连接属性"中选择要进行连接的属性字段，默认为 ALL。

（3）单击【确定】按钮，完成操作。

理论上讲，矢量的图层合并操作可以对各种形式的矢量图形进行联合，而不局限于多边形与多边形。线与线，点与点之间都可以进行联合操作，而不同维数的对象，如点与线、点与面、线与面，由于文件格式和操作形式的限制，目前不能将它们作为同一大类的要素形态而在一起进行操作，所以只能对同维形态进行图层合并。在实际中最常用的是多边形与多边形的联合分析。

8.2.6 修正更新

修正更新是指，首先对输入的图层和修正图层进行几何相交的计算，然后输入的图层被修正图层覆盖的那一部分的属性将被修正图层而代替。如果两个图层均是多边形要素，那么两者将进行合并，并且重叠部分将被修正图层所代替，而输入图层的那一部分将被擦去。修正更新主要是利用空间格局分布关系来对空间实体的属性进行重新赋值，可以将一定区域内事物的属性进行集体操作赋值。从地学意义上来说，修正更新建立了空间框架格局关系和属性值之间的一个间接的联系，如图 8-19 所示。

图 8-16 交集取反图解

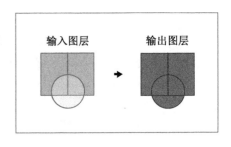

图 8-17 图层联合

图 8 – 18　"联合"对话框

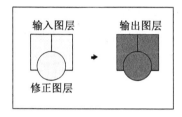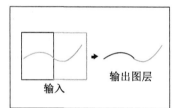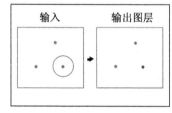

图 8 – 19　修正更新

操作步骤如下。

(1)单击【分析工具】|【叠加分析】|【更新】,打开"更新"对话框,如图 8 – 20 所示。

(2)设置输入要素、更新要素、输出要素类的文件路径和名称。勾选"边框"复选框表示在两个图形相交的地方允许有边界的存在,若不勾选则图形融合成一体。

(3)单击【确定】按钮,完成操作。

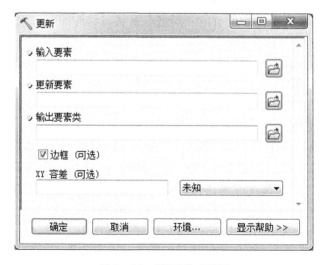

图 8 – 20　"更新"对话框

在叠加分析中最常见的误差是破碎多边形,也就是在两个输入地图的相关或共同边界,相交的地方会出现非常细小的多边形区域。这时就需要设置一定的容错量来消除这种细小多边形,即上述各个对话框中的"XY 容差"设置。

此外,在 ArcGIS 中除了 Shapefile 之外,也可以对 GeoDatabase 里面的要素和 Coverage 进行叠加分析,操作基本上一致。要注意的是,必须安装了 ArcGIS Workstation 才能对 Coverage 进行叠加分析。

8.3 网 络 分 析

空间数据的网络分析是对地理网络、城市基础设施网络(如各种网线、电缆线、电力线、电话线、供水线、排水管道等)进行地理化和模型化,基于它们本身在空间上的拓扑关系、内在联系、跨度等属性和性质来进行空间分析,通过满足必要的条件得到合理的结果。网络分析的理论基础是图论和运筹学,它从运筹学的角度来研究、统筹、策划一类具有网络拓扑性质的工程如何安排各个要素的运行使其能充分发挥其作用或达到所预想的目标,如资源的最佳分配、最短路径的寻找、地址的查询匹配等,而在此之中所采用的是基于数学图论理论的方法,即利用统筹学建立模型,再利用其网络本身的空间关系,采用数学的方法来实现这个模型,最终得到结果,从而指导现实和应用,故而对网络分析的研究在空间分析中占有着极其重要的地位。

8.3.1 网络数据组成

网络是现实世界中由链和结点组成的带有环路并伴随着一系列支配网络中流动之约束条件的线网图形。网络的基本组成部分和属性如下。

1. 线状要素——链

网络中流动的管线,包括有形物体如街道、河流、水管、电缆线等,无形物体如无线电通信网络等,其状态属性包括阻力和需求。

2. 点状要素

(1)障碍:禁止网络中链上流动的点。

(2)拐角点:出现在网络链中所有的分割结点上状态属性的阻力,如拐弯的时间和限制(如不允许左拐)。

(3)中心:接受或分配资源的位置,如水库、商业中心、电站等。其状态属性包括资源容量如总的资源量、阻力限额、中心与链之间的最大距离或时间限制。

(4)站点:在路径选择中资源增减的站点,如库房、汽车站等。其状态属性包括要被运输的资源需求,如产品数。

网络中的状态属性有阻力和需求两项,可通过空间属性和状态属性的转换,根据实际情况赋到网络属性表中。一般情况下,网络是通过将内在的点、线等要素在相应的位置绘出,根据他们的空间位置以及各种属性特征建立它们的拓扑关系,使得它们成为网络分析中的基础,基于生成的拓扑关系进行网络空间分析和操作。

ArcGIS 中的网络数据存储在 Geodatabase 地理数据库中,名为 city. mdb 的文件。此数据库中包含一个数据集:City,其中含有城市交通网 net、商业中心及家庭住址 place、网络节点 city_Net_Junctions 等要素。

在 ArcGIS 中对网络数据进行编辑赋值的方法如下。

（1）启动 ArcMap，打开 city 数据集加载数据。

（2）对点状要素商业中心及家庭住址 place 进行赋值，鼠标右键单击 place 图层，选择图层属性对话框中的符号系统选项卡，然后选择类别列表下的唯一值，在值字段的下拉菜单中选择 HOME 字段，在下面的列表框中可以任意修改表示家的符号，此处设置为蓝色圆形，最后将家的值设置为 1。同理，将商业中心的值设置为 0，见图 8 – 21。

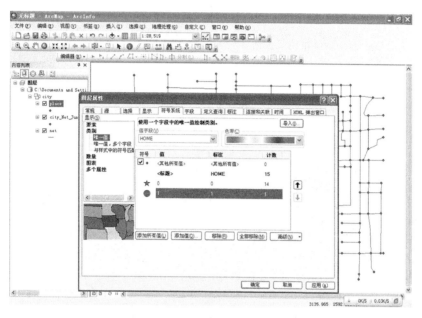

图 8 – 21　添加网络数据

8.3.2　无权重最佳路径的生成

（1）打开几何网络分析工具条

在工具栏空白处单击鼠标右键，在弹出的快捷菜单中单击【几何网络分析】，弹出几何网络分析工具条，如图 8 – 22 所示。

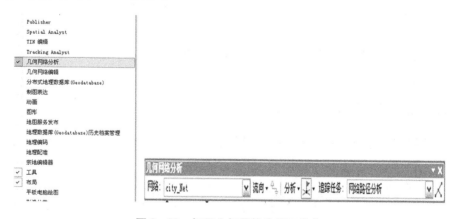

图 8 – 22　打开几何网络分析工具条

若在右键快捷菜单中未找到【几何网络分析】选项,则单击【自定义】菜单下的【扩展模块】,在"扩展模块对"话框中勾选"Network Analyst"复选框,再重复上面的操作,即可打开几何网络分析工具条,如图 8 - 23 所示。

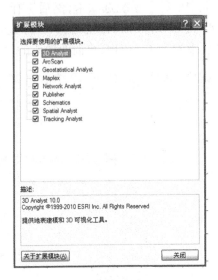

图 8 - 23 在"扩展模块"中勾选"Network Analyst"复选框

(2)在几何网络分析工具条上,选择旗标工具 ,将旗标放在"家"和想要去的"商业中心"点上。

(3)单击【分析】|【选项】,打开"分析选项"对话框,如图 8 - 24所示。

(4)选中"权重"标签,将"交汇点要素的权重"和"边权重"都设置为"无",如图 8 - 25 所示;将"权重过滤器"标签中的"交汇点权重"和"边权重过滤器"都设置为"无",这样,进行的最短路径分析是完全按照这个网络自身的长短来确定的,如图 8 - 26所示。

**图 8 - 24 打开"分析
选项"对话框**

(5)在"选择追踪任务"下拉列表框中选中"网络路径分析",如图 8 - 27 所示。

(6)单击【解决】按钮 ,显示最短路径,这条路径的总成本显示在状态栏中,如图 8 - 28所示。

8.3.3 加权最佳路径的生成

(1)在几何网络分析工具条中,单击旗标工具 ,将旗标放在"家"和想要去的"商业中心"点上。

(2)单击【分析选项】|【权重】,选中"权重"标签,在"边权重"中的"沿边的数字化方向的权重("自 - 至"权重):"和"沿边的相反数字化方向的权重("自 - 至"权重):"的下拉列表框中全部选择"长度(length)"权重属性,如图 8 - 29 所示。

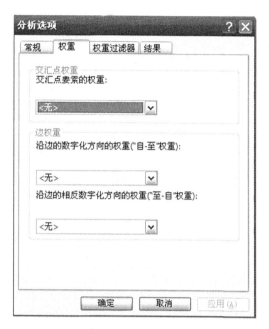

图 8 – 25　设置权重

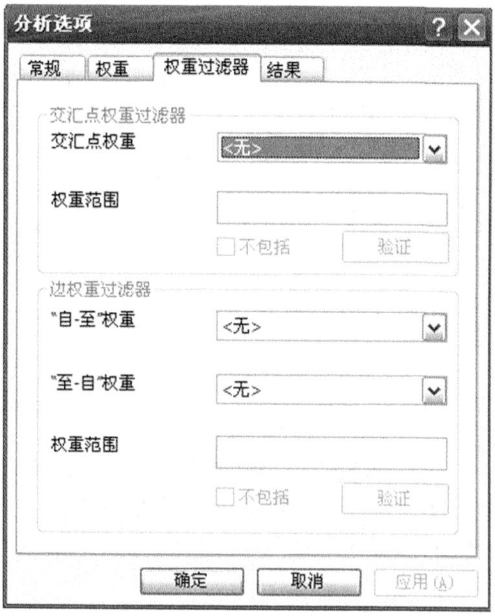

图 8 – 26　设置权重过滤器

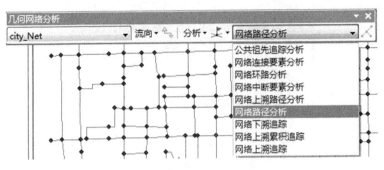

图 8 – 27　追踪任务设置

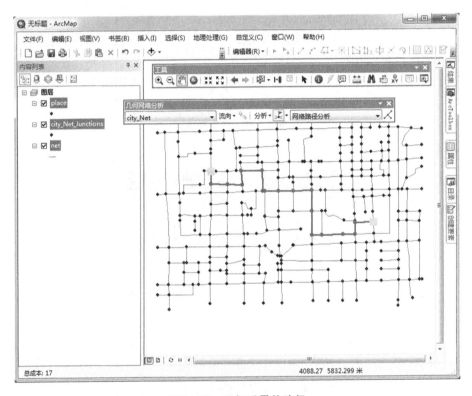

图 8 – 28　无权重最佳路径

注:这里的"总成本:17"指的是从起点到目的地总共经过了 17 个网络节点,如果把两个网络节点当作一个街区的话,也就是指中间经过了 18 个街区。

(3)在"选择追踪任务"下拉列表框中选择"网络路径分析",如图 8 – 27 所示。单击【解决】按钮 ,显示最短路径,这条路径的总成本显示在状态栏中,如图 8 – 30 所示。

以上是通过距离远近的选择而得到的最佳路径。实际中不同类型的道路由于道路车流量的问题,有时候需要选择通行时间最短的路径,同样可利用网络分析来获得最佳路径。这里的时间属性是建网之前通过各个道路的类型(主干道、次要道等)得到速度属性,然后通过距离和速度的商值确定的。例子里并没有考虑红灯问题以及其他因素,是一种较理想的情况,可以通过逐渐加入将其他要素完善。

图 8 – 29　边权重设置

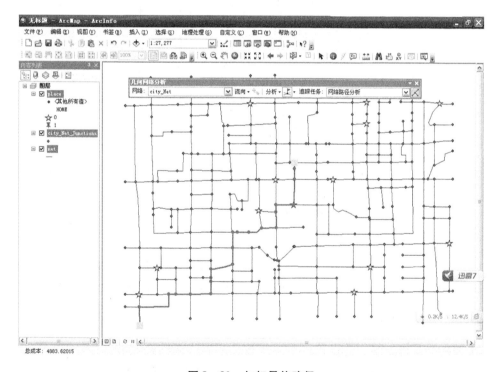

图 8 – 30　加权最佳路径

注:总共花费的距离为 4883.62015 米。

8.3.4　按顺序逐个通过访问点的路径生成

（1）在几何网络分析工具条上，单击旗标工具 ⚑ ，将旗标按照访问的顺序依次放在各个目标点上。

（2）单击【分析选项】|【权重】，选中"权重"标签在"边权重"中的"沿边的数字化方向的权重（"自－至"权重）:"和"沿边的相反数字化方向的权重（"自－至"权重）:"的下拉列表框中全部选择"长度（length）"权重属性，如图 8－29 所示。

（3）在"选择追踪任务"下拉列表框中选择"网络路径分析"，如图 8－27 所示。单击【解决】按钮 ✗ ，显示最短路径，这条路径的总成本显示在状态栏中，如图 8－31 所示。

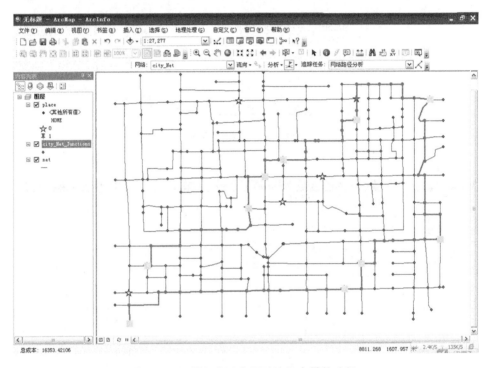

图 8－31　按顺序逐个通过访问点最佳路径

注：总共花费的距离为 16353.42106 米。

（4）同样是经过这 10 个地点，如果权重设置为"时间（minutes）"，由于道路车流量的不同，经过的时间也不同，因此路径会发生很大的变化，如图 8－32 所示。

8.3.5　阻强问题

这里的阻强是指网络中的点状要素或线状要素因为某些突发事件（如交通事故）而不可运行时，原来获得的最短路径就需要进行修正，具体操作步骤如下。

（1）修路时，即某个路段不可运行。可在网络中设置阻强，对其进行表达。

方法有两种。

一种是永久性的，可直接将网络边要素的属性修改为不可运行，即选中此边要素，将其"Enabled"字段中的属性改称"False"即可。

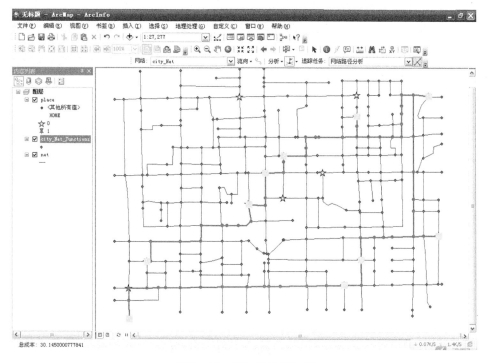

图 8－32　改权重最佳路径

注:总共花费的时间为 30.145000077841 分钟。

另一种是暂时性的,可设置边要素障碍,即利用添加边障碍工具 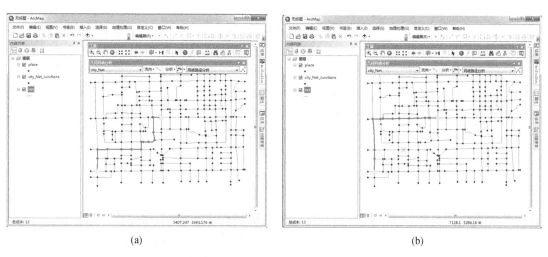 进行设置。同样选中上述实验中的某一"商业中心"为目标地,假设其中几条道路正在修路,则产生的新的最佳路径(图中标注"×"即为阻强设置边)。可看出路段的维修状况使最佳路径产生了改变,同时最近距离也随之发生改变,如图 8－33 所示。

(a)　　　　　　　　　　　　　　　　　(b)

图 8－33　添加边障碍的最佳路径

(a)添加边障碍前;(b)添加边障碍后

（2）十字路口出现车祸等情况，暂时不可通行，即网络中的结点不可运行。可通过设置阻强来表达。与线状要素的方法一样，可通过改变结点属性或利用添加交汇点障碍工具 🔧 进行设置。进行同样的最佳路径选取，假设其中某个路口出现阻塞，利用该方法产生的最佳路径，如图 8-34 所示。

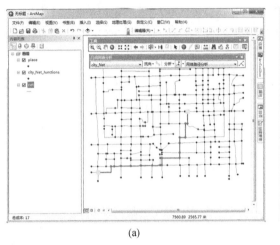
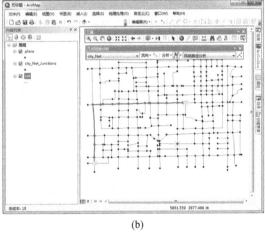

(a)   (b)

图 8-34　添加点障碍的最佳路径
（a）添加点障碍前；（b）添加点障碍后

以上例子能够简单说明网络分析中的最短路径问题在实际中的应用，也表明了在网络中要素状态的变化对最佳路径的影响。随着考虑到的实际因子的增加，一定会使得网络分析的模型更趋于实际，在指导现实生活方面发挥着越来越大的作用。

8.4　表　面　分　析

表面分析主要通过生成新数据集，例如等值线、坡度、坡向、山体阴影等派生数据，获得更多的反映原始数据集中所暗含的空间特征、空间格局等信息。在 ArcGIS 中，表面分析的主要功能有：查询表面值、从表面获取坡度和坡向信息、创建等值线、分析表面的可视性、从表面计算山体的阴影、确定坡面线的高度、寻找最陡路径、计算面积和体积、数据重分类、将表面转化为矢量数据等。在本节中主要介绍 ArcGIS 表面分析中的栅格插值，基于 DEM 的等值线绘制，坡度、坡向等基本地形因子的提取，以及山体阴影的提取等常用的基本分析功能。

8.4.1　等值线绘制

等值线是将表面上相邻的具有相同值的点连接起来的线，如地形图上的等高线、气温图上的等温线。等值线分布的疏密一定程度上表明了表面值的变化情况。值的变化越小的地方，等值线就越疏，反之越密。因此，通过研究等值线的疏密情况，可以获得表面值的变化趋势。

操作方法如下。

(1)选中 ArcToolbox 中的【Spatial Analyst 工具】|【表面分析】|【等值线】,打开"等值线"对话框,如图 8 - 35 所示。

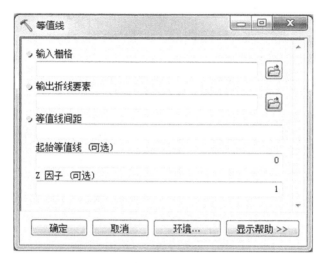

图 8 - 35　"等值线"对话框

(2)在"输入栅格"中选择用来生成等高线的栅格数据集。

(3)在"输出折线要素"中设置结果文件存放路径与名称。

(4)在"等值线间距"中设置等高距。

(5)在"起始等值线"中指定等高线基准高程。

(6)在"Z 因子"中设定高程变换系数。

(7)单击【确定】按钮,完成操作。

8.4.2　地形因子提取

因子分析方法是 GIS 空间分析尤其是 GIS 数字地形分析常用的基本分析方法。不同的地形因子从不同侧面反映了地形特征,实际应用中人们提出了各种各样的地形因子。根据其所描述的空间区域范围,常用的地形因子可以划分为微观地形因子与宏观地形因子两种基本类型,如图 8 - 36 所示。

按照提取地形因子差分计算的阶数,又可将地形因子分为一阶地形因子、二阶地形因子和高阶地形因子(如图 8 - 37 所示)。其中,坡度、坡向、平面曲率、剖面曲率在 ArcGIS 中可直接提取,其他因子的提取则需要进行一系列的复合计算。后者的具体提取过程可以参阅相关资料,这里进行介绍。

1.坡度的提取

地表面任一点的坡度(slope)是指过该点的切平面与水平地面的夹角,如图 8 - 38 所示。坡度表示了地表面在该点的倾斜程度。

实际应用中,坡度有两种表示方式方法。

(1)坡度(degree of slope):水平面与地形面之间夹角。

(2)坡度百分比(percent slope):高程增量与水平增量之比的百分数。

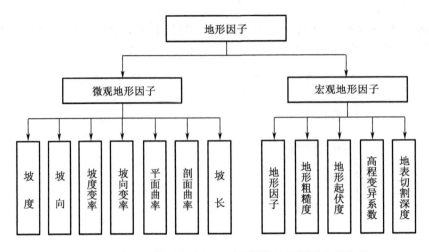

图 8 - 36　基于所描述的空间区域范围的地形因子分类体系

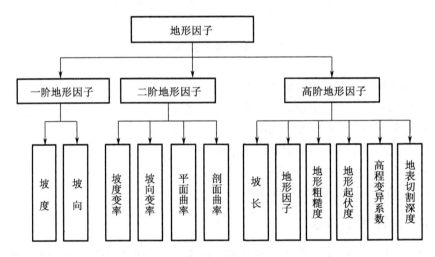

图 8 - 37　基于提取算法的地形因子分类体系

坡度的提取过程如下。

（1）单击 ArcToolbox 中的【Spatial Analyst 工具】|【表面分析】|【坡度】，打开"坡度"对话框，如图 8 - 39 所示。

（2）在"输入栅格"中选择输入栅格数据集；

（3）在"输出栅格"中设置输出坡度的存放路径与文件名；

（4）在"输出测量单位（可选）"下拉列表框中选择坡度表示方法，默认选项为 DEGREE（度）；

（5）在"Z 因子（可选）"中输入高程变换系数，一般用于平面度量单位与高程度量单位不一致的情况；

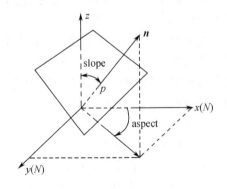

图 8 - 38　坡度、坡向示意图

（6）单击【确定】按钮，完成操作。

图 8 - 39　"坡度"对话框

2. 坡向的提取

坡向指地表面上一点的切平面的法线矢量在水平面的投影与过该点的正北方向的夹角。对于地面任何一点来说，坡向表征了该点高程值改变量的最大变化方向。在输出的坡向数据中，坡向值有如下规定：正北方向为 0°，按顺时针方向计算，取值范围为 0° ~ 360°。

坡向的提取过程如下。

（1）单击 ArcToolbox 中的【Spatial Analyst 工具】|【表面分析】|【坡向】，打开"坡向"对话框，如图 8 - 40 所示。

图 8 - 40　"坡向"对话框

（2）在"输入栅格"中选择输入栅格数据集。

（3）在"输出栅格"中设置坡向数据的存放路径与文件名称。

（4）单击【确定】按钮，完成操作。

3. 平面曲率、剖面曲率的提取

地面曲率是对地形表面一点扭曲变化程度的定量化度量因子，地面曲率在垂直和水平两个方向上的分量分别称为剖面曲率和平面曲率。剖面曲率是对地面坡度的沿最大坡降方向地面高程变化率的度量。平面曲率指在地形表面上,具体到任何一点,用过该点的水平面沿水平方向切地形表面所得的曲线在该点的曲率值。平面曲率描述的是地表曲面沿水平方向的弯曲、变化情况,也就是该点所在的地面等高线的弯曲程度。

曲率的提取过程如下。

(1)单击【Spatial Analyst 工具】|【表面分析】|【曲率】,打开"曲率"对话框,如图 8 – 41 所示。

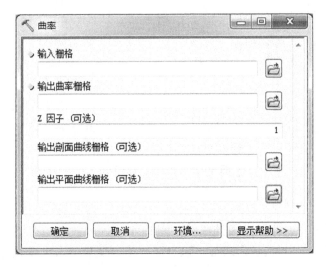

图 8 – 41 "曲率"对话框

(2)在"输入栅格"中选择用来计算曲率的栅格数据。

(3)在"输出曲率栅格"中设定输出总曲率的存放路径与文件名。

(4)在"Z 因子"中设定高程变换系数。

(5)在"输出剖面曲线栅格(可选)"中指定剖面曲率数据的存放路径与文件名。

(6)在"输出平面曲线栅格(可选)"中指定平面曲率数据的存放路径与文件名。

(7)单击【确定】按钮,完成操作。

8.4.3 山体阴影

山体阴影是根据假想的照明光源对高程栅格图的每个栅格单元计算照明值。山体阴影图不仅很好地表达了地形的立体形态,而且可以方便地提取地形遮蔽信息。计算过程中包括三个重要参数:太阳方位角、太阳高度角和表面灰度值。

太阳方位角以正北方向为0°,按顺时针方向度量,如90°方向为正东方向。由于人眼的视觉习惯,通常默认方位角为315°,即西北方向。

太阳高度角为光线与水平面之间的夹角,同样以度为单位。为符合人眼视觉习惯,通常默认为45°。

在 ArcGIS 中,默认情况下,光照产生的灰度表面的值的范围为 0 ~ 255。山体阴影的实现过程如下。

(1)在 ArcToolbox 中选择【Spatial Analyst 工具】|【表面分析】|【山体阴影】,打开"山体阴影"对话框。

（2）在"输入栅格"中选择要素数据。

（3）在"输出栅格"中指定输出表面阴影的存放路径与文件名。

（4）在"方位角"中设置太阳方位角,为了有正立体的视觉效果,一般采用默认值。

（5）在"高度"中设置太阳高度角。

（6）"模拟阴影"为可选项,选中则将落阴影内的单元赋值为 0。

（7）在"Z 因子"中设定高程变换系数。

（8）单击【确定】按钮,完成操作。

8.5　统 计 分 析

8.5.1　像元统计

多层面栅格数据叠合分析时,经常需要以栅格单元为单位来进行单元统计（Cell Statistics）分析。例如,分析一些随时间而变化的现象,诸如 10 年来的土地利用变化或不同年份的温度波动范围。像元统计输入数据集必须来源于同一个地理区域,并且采用相同的坐标系统。

ArcGIS 中的像元统计功能提供了 10 种单元统计方法。

（1）Minimum:像元值的最小值。

（2）Maximum:像元值的最大值。

（3）Range:像元值的数值范围。

（4）Sum:像元值的总和。

（5）Mean:像元值的平均数。

（6）Standard Deviation:像元值的标准差。

（7）Variety:像元值中不同数值的个数。

（8）Majority:像元值中出现频率最高的数值。

（9）Minority:像元值中出现频率最低的数值。

（10）Median:像元值的中位数。

像元统计功能常用于同一地区多时相数据的统计,通过单元统计得出所需分析数据,例如同一地区不同年份的人口分析、同一地区不同年份的土地利用类型分析等。

像元统计操作方法如下。

（1）单击 ArcToolbox 中的【Spatial Analyst 工具】|【局部分析】|【像元统计数据】,打开"像元统计数据"对话框,如图 8 - 42 所示。

（2）在"输入栅格数据或常量值"中选择一个图层,单击 ✚ 按钮将其加入数据列表框,然后单击浏览按钮从磁盘中选择要使用的栅格数据。

（3）在"输出栅格"中为输出结果指定目录及名称。

（4）在"叠加统计"中选择统计类型。

（5）单击【确定】按钮,完成操作。

图 8 – 42　"像元统计数据"对话框

8.5.2　邻域统计

邻域统计的计算是以待计算栅格为中心,向其周围扩展一定范围,基于这些扩展栅格数据进行函数运算,从而得到此栅格的值。

ArcGIS 中的邻域统计提供了 10 种统计方法。

(1)Minimum:邻域内出现的最小数值。

(2)Maximum:邻域内出现的最大数值。

(3)Range:邻域单元值的取值范围。

(4)Sum:邻域单元值的总和。

(5)Mean:邻域单元值的平均数。

(6)Standard Deviation:邻域单元值的标准差。

(7)Variety:邻域单元值中不同数值的个数。

(8)Majority:邻域单元值中出现频率最高的数值。

(9)Minority:邻域单元值中出现频率最低的数值。

(10)Median:邻域单元值中的中央值。

邻域统计计算过程中,对于邻域的设置有不同的设置方法,ArcGIS 中提供了 4 种邻域分析窗口,如图 8 – 43 所示。

(1)Rectangle(矩形):需要设置矩形窗口的长和宽,缺省的邻域大小为 3 × 3 单元。

(2)Annulus(环形):需要设置邻域的内半径和外半径。半径通过和 x 轴或 y 轴的垂线的长度来指定。落入环内即内外半径之间环的数值将参与邻域统计运算,内半径以内的部分不参与计算。

(3)Circle(圆形):只需要输入一个圆的半径。

（4）Wedge（楔形）：需要输入起始角度、终止角度和半径 3 项内容。起始角度和终止角度可以是 0 ~ 360 的整形或浮点值。角度值从 x 轴的正方向零度开始，逆时针逐渐增加直至走过一个满圆又回到零度。

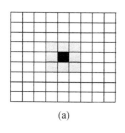 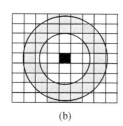 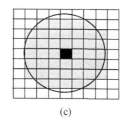 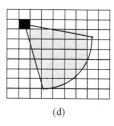

（a）　　　　　　　　（b）　　　　　　　　（c）　　　　　　　　（d）

图 8 - 43　邻域分析窗口类型

（a）矩形；（b）环形；（c）圆形；（d）楔形

邻域统计是在单元对应的邻域范围指定的单元上进行统计分析，然后将结果值输出到该单元位置。

利用邻域统计可以获取多种信息，如在调查土地利用时，邻域统计可以获得邻域范围土地变化和确定土地利用的稳定性，此外，利用邻域统计的平均值还可以进行边缘模糊等多种操作。

邻域统计的分析过程如下。

（1）单击 ArcToolbox 中的【Spatial Analyst 工具】|【邻域分析】|【焦点统计】，打开"焦点统计"对话框，如图 8 - 44 所示。

（2）在"输入栅格"中选择要用来进行邻域分析的图层。

（3）在"输出栅格"中设置输出结果指定目录及名称。

（4）在"邻域分析（可选）"中选择邻域分析窗口类型，并输入窗口参数；在"单位"选项组中选择邻域分析窗口的单位，可以是像元或地图。

（5）在"统计类型（可选）"中选择统计类型。

（6）单击【确定】按钮，完成操作。

8.5.3　分类区统计

分类区统计即以一个数据集的分类区为基础，对另一个数据集进行数值统计分析，包括计算数值取值范围、最大值、最小值、标准差等。一个分类区就是在栅格数据中拥有相同值的所有栅格单元，而不考虑他们是否邻近。分类区统计是在每一个分类区的基础上运行操作，所以输出结果时同一分类区被赋予相同的单一输出值。

ArcGIS 中的分类区统计提供了十种统计方法。

（1）Minimum：在分类区内出现最小的数值。

（2）Maximum：在分类区内出现最大的数值。

（3）Range：在分类区内数值的范围。

（4）Sum：在分类区内出现数值的和。

（5）Mean：在分类区内出现数值的平均数。

（6）Standard Deviation：在分类区内出现数值的标准差。

（7）Variety：在分类区内不同数值的个数。

图 8 - 44 "焦点统计"对话框

(8) Majority:在分类区内出现频率最高的数值。

(9) Minority:在分类区内出现频率最低的数值。

(10) Median:计算在分类区内出现数值的中央值。

利用分类区统计能够根据一个分区数据计算分区范围内所包含的另一个栅格数据的统计信息。

操作过程如下。

(1) 单击 ArcToolbox 中的【Spatial Analyst 工具】|【区域分析】|【分区统计】,打开"分区统计"对话框,如图 8 - 45 所示。

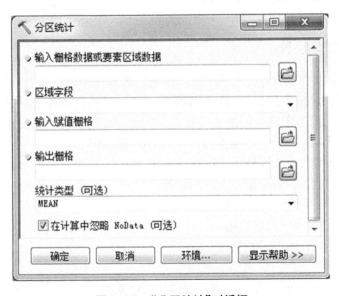

图 8 - 45 "分区统计"对话框

（2）在"输入栅格数据或要素区域数据"中设置分类区数据,栅格和矢量均可。

（3）在"区域字段"中选择表示分类区类别的字段,若是栅格数据则默认为"VALUE",即栅格单元值。

（4）在"输入赋值栅格"中设置需要统计的栅格数据。

（5）在"统计类型(可选)"中标识是否允许栅格数据中的空值参与运算,选中表明允许包含空值的单元参与运算。

（6）在"输出栅格"中设置输出结果指定目录及名称,生成一个栅格图层。

（7）单击【确定】按钮,完成操作。

8.6　重　分　类

重分类即基于原有数值对其重新进行分类整理从而得到一组新值并输出。根据用户不同的需要,重分类一般包括 4 种基本分类形式:新值替代(用一组新值取代原来值)、重新分类(以一种分类体系对原始值进行分类),以及空值设置(把指定值设置空值)。

8.6.1　新值替代

事物总是处于不断发展变化中的,地理现象更是如此,所以为了反映事物的实时真实属性需要不断地去用新值代替旧值,例如气象信息的实时更新、土地利用类型的变更等。

新值替代的操作过程如下。

（1）单击【Spatial Analyst 工具】|【重分类】|【重分类】,打开"重分类"对话框,如图 8 - 46 所示。

图 8 - 46　"重分类"对话框

（2）在"输入栅格"中设置需要变更值的图层。

（3）在"重分类字段"中选择变更所依据的字段。

（4）在"重分类"列表中的"新值"列中,输入新值。可单击【加载】按钮导入已经制作好的重分类新旧值映射表,也可以单击【保存】按钮来保存当前重映射表。

（5）在"输出栅格"中为输出结果指定目录及名称。

（6）单击,【确定】按钮,完成操作。

8.6.2　重新分类

在栅格数据的使用过程中,经常会因某种需要,要求对数据用新的等级体系分类,或需要将多个栅格数据用统一的等级体系重新归类。例如,在对洪水灾害进行预测时,需要综合分析降雨量、地形、土壤、植被等数据。首先需要每个栅格数据的单元值对洪灾的影响大小,把他们分为统一的级别数,如统一分为10级,级别越高其对洪灾的影响度越大。经过分级处理后,不仅消除了量纲的影响,而且使得各类数据之间具有量值可比性,方便洪灾模拟的定量分析与计算。

重新分类的具体操作如下。

（1）单击【Spatial Analyst 工具】|【重分类】|【重分类】,打开"重分类"对话框。

（2）在【输入栅格】中选择需要重新分类的图层。

（3）在【重分类字段】中选择重分类所依据的字段。

（4）单击【分类】按钮,打开"分类"对话框,如图 8 - 47 所示。

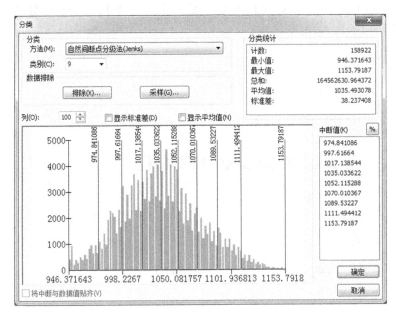

图 8 - 47　"分类"对话框

（5）在"分类"选项组"方法"下拉列表框中选择一种分类方法:手工分类、相等间隔、自定义间隔、分位数、自然间断点分级法、几何间距、标准差等,设置"类别"个数。此对话框还提供了数据直方图,其右侧的"中断值"列表框中的值可以修改。完成对旧值的分类后单击【确定】按钮。

（6）返回"重分类"对话框,新旧值对照表相应改变,这种分类往往完成栅格从数量特征到类别、级别特征的转换。

（7）在"重分类"对话框中的新旧值对照表中可以更改"新值"的值,或单击【加载】按钮导入已有的重映射表。

（8）如果需要保存当前重映射表,单击【保存】按钮。

（9）在"输出栅格"中设置输出结果指定目录及名称。

（10）单击【确定】按钮,完成操作。

8.6.3　空值设置

有时候需要对栅格数据中的某些值设置空值来控制栅格计算,如在设置分析掩码的时候,需要将分析区域内不需要参与分析的数值设置为空值来控制栅格计算。

空值设置的操作过程如下。

（1）单击【Spatial Analyst 工具】|【重分类】|【重分类】,打开"重分类"对话框。

（2）设置"输入栅格"为"slope"。

（3）设置"重分类字段"为"Value"。

（4）单击【分类】按钮,打开"分类"对话框,先设置"方法"为"相等间隔","类别"为"2",然后在右侧"中断值"列表框中选中第一个值,改成"30",单击【确定】按钮,返回"重分类"对话框。

（5）在"重分类"对话框中的新旧值对照表中,将旧值为"30～77.111519"的行选中,单击【删除条目】按钮,在最下方勾选"将缺失值更改为 NoData"。

（6）设置"输出栅格"的文件名称。

8.7　空间分析实例——市区择房分析

1. 实验数据

（1）城市市区交通网络图（network. shp）

（2）商业中心分布图（Marketplace. shp）

（3）名牌高中分布图（school. shp）

（4）名胜古迹分布图（famous place. shp）

2. 所寻求的区域要满足的条件

（1）离主要交通要道 200 米之外,以减少噪声污染（ST 为道路数据中类型为交通要道的要素）。

（2）在商业中心的服务范围之内,服务范围以商业中心的规模的大小（属性 YUZHI）来确定。

（3）距名牌高中 750 米之内,以便小孩上学便捷。

（4）距名胜古迹 500 米之内,环境幽雅。

对每个条件进行缓冲区分析,将符合条件的区域取值为 1,不符合条件的区域取值为 0,得到各自的分值图。运用空间叠加分析对上述 4 个图层叠加求和,并分等定级,确定合适的区域。

3. 准备工作

（1）打开 ArcMap，单击【文件】菜单中的【打开】，在打开对话框中加载"city. mxd"文件，如图 8 − 48 所示。

图 8 − 48　添加实验数据

（2）加入缓冲区按钮

单击【自定义】|【工具条】|【自定义】，在"自定义"对话框中的"命令"标签下选中"工具"和"缓冲向导"，将该按钮拖拽至工具条中，如图 8 − 49 所示。

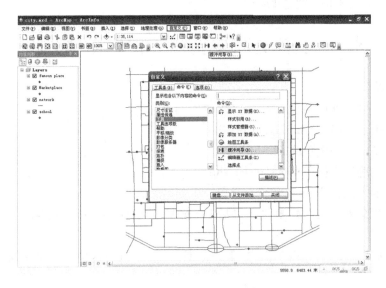

图 8 − 49　加入缓冲区按钮

（3）设置地图及显示的单位

在进行缓冲区操作前，先将显示的单位设置为"米"，方便计算。单击【视图】|【数据框属性】，在"常规"标签中，将"单位"中"地图"和"显示"的单位均设为"米"，如图 8 − 50 所示。

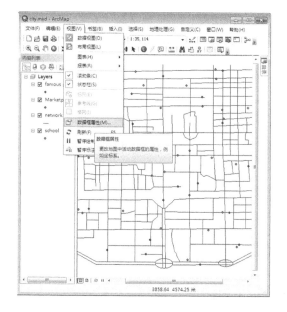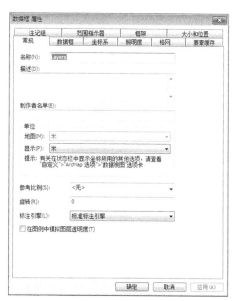

图 8 - 50　设置地图及显示的单位

4. 主干道噪音缓冲区的建立

（1）在交通网络图层（network）上单击鼠标右键，单击【打开属性表】，如图 8 - 51 所示。

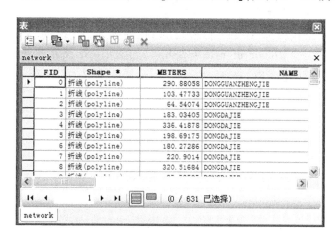

图 8 - 51　打开属性表

（2）单击表选项，单击【按属性选择】，打开"按属性选择"对话框，如图 8 - 52 所示。

（3）在 SQL 表中设置查询条件表达式" TYPE" = ST′，如图 8 - 53 所示，单击【应用】按钮，选中出市区的主要道路，如图 8 - 54 所示。

（4）对选择的主干道建立缓冲区。单击【缓冲区】按钮，打开"缓冲向导"对话框，设置参数如下。

①设置"图层中的要素"为"network"。

②勾选"仅使用所选要素"复选框，如图 8 - 55 所示。

③单击【下一步】按钮，确定缓冲区距离单位为米。

图 8 - 52　按属性选择

④选择第一种缓冲区建立方法（以指定的距离），输入数值为200，如图 8 - 56 所示。

⑤单击【下一步】按钮，选择缓冲区的输出类型（融合缓冲区之间的障碍？），选中"是"。

⑥指定缓冲区文件的存放路径和名称为"F：\data5\house\result\Buffer_of_network.shp"，如图 8 - 57 所示。

⑦单击【完成】按钮，生成主干道噪声污染缓冲区，如图8 - 58所示。

5. 商业中心的影响范围建立

单击【缓冲区】按钮，打开"缓冲向导"对话框，设置参数如下。

（1）设置图层中的要素为"Marketplace"，如图 8 - 59 所示。

图 8 - 53　设置表达式

（2）单击【下一步】按钮，确定缓冲区距离单位为"米"。

（3）选择第二种缓冲区建立方法（基于来自属性的距离），在下拉列表框中选择"YUZHI"，如图 8 - 60 所示；

（4）单击【下一步】按钮，选择缓冲区边界类型（融合缓冲区之间的障碍），选中"是"；

（5）指定缓冲区文件的存放路径和名称为"F：\data5\house\result\Buffer_of_Marketplace.shp"，如图 8 - 61 所示；

（6）商业中心影响范围缓冲区如图 8 - 62 所示。

6. 名牌高中的影响范围建立

单击【缓冲区】按钮，打开"缓冲向导"对话框，设置参数如下。

（1）设置"图层中的要素"为"school"。

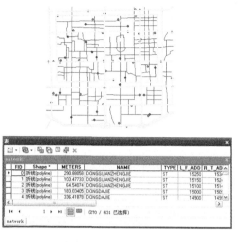

图 8 - 54　选择成果

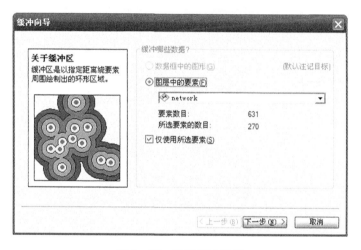

图 8 - 55　设置缓冲图层

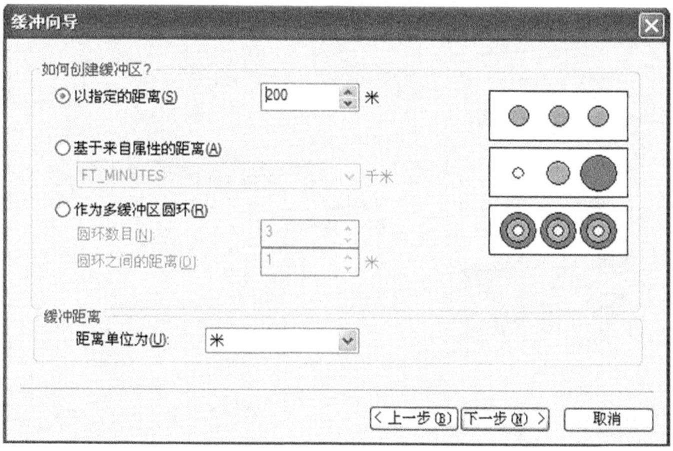

图 8 - 56　设置缓冲距离

图 8-57　设置存放路径和名称

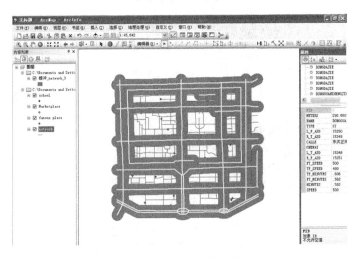

图 8-58　主干道噪声污染缓冲区

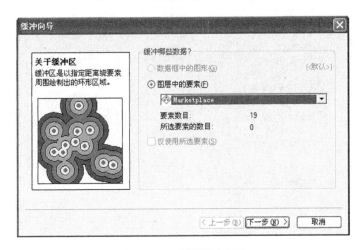

图 8-59　设置缓冲图层

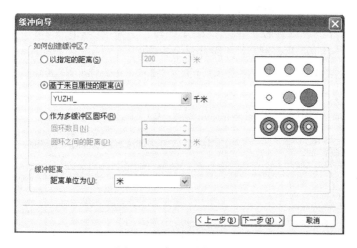

图 8 – 60 设置缓冲距离

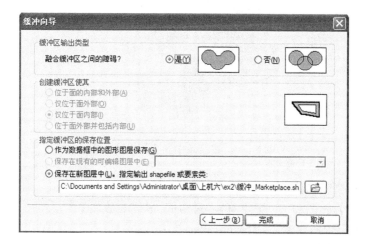

图 8 – 61 设置有效路径和名称

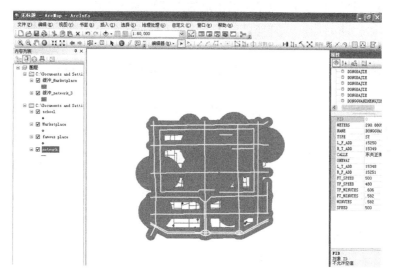

图 8 – 62 商业中心影响范围缓冲区

（2）单击【下一步】按钮,确定缓冲区距离单位为"米"。

（3）选择第一种缓冲区建立方法（以指定的距离）,输入数值为750。

（4）选择缓冲区的输出类型（融合缓冲区之间的障碍?）,选中"是"。

（5）指定缓冲区文件的存放路径和名称为"F：\data5\house\result\Buffer_of_school. shp"。

（6）生成名牌高中影响范围缓冲区,如图8-63所示。

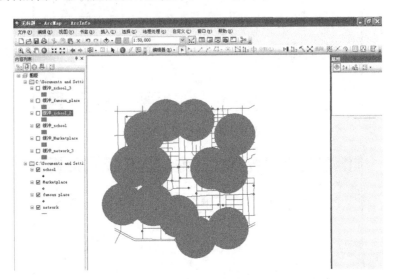

图8-63　名牌高中影响范围缓冲区

7. 名胜古迹的影响范围建立

单击【缓冲区】按钮,打开"缓冲向导"对话框,设置参数如下。

（1）设置"图层中的要素"为"famous place"。

（2）单击【下一步】按钮,确定缓冲区距离单位为"米"。

（3）选择第一种缓冲区建立方法（以指定的距离）,输入数值为"500"。

（4）单击【下一步】按钮,选择缓冲区边界类型（融合缓冲区之间的障碍,输入数值为）,选中"是"。

（5）指定缓冲区文件的存放路径和名称为"F：\data5\house\result\Buffer_of_famous_place. shp"。

（6）生成名胜古迹影响范围缓冲区,如图8-64所示。

8. 进行叠加分析求出满足上述4个要求的区域

（1）求取3个点图层缓冲区的交集区域,操作如下。

①打开ArcToolbox,单击【分析工具】|【叠加分析】|【相交】,打开"相交"对话框。

②依次添加商业中心影响范围缓冲区、名牌高中影响范围缓冲区和名胜古迹影响范围缓冲区。

③指定输出文件的路径和名称。

④在"连接属性"下拉列表框中选择"ALL",如图8-65所示。

⑤求出的交集区域如图8-66所示。

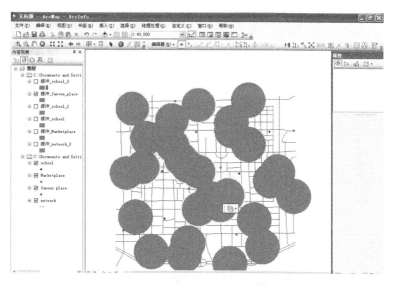

图 8 – 64　名胜古迹影响范围缓冲区

图 8 – 65　求三个图层缓冲区的交集区域

（2）求取同时满足 4 个条件的区域,操作如下。

①打开 ArcToolbox,单击【分析工具】|【叠加分析】|【擦除】,打开"擦除"对话框。

②在"输入要素"中选择三个区域的交集数据。

③在"擦除要素"中选择主干道噪声污染缓冲区数据。

④指定输出文件的保存路径和名称,如图 8 – 67 所示。

⑤满足以上 4 个条件的区域如图 8 – 68 所示。

9. 对整个城市区域的住房条件进行评价

为了便于了解城市其他地段的住房条件,可应用以上数据对整个城市区域的住房条件进行评价,分级标准是如下。

①满足其中四个条件为第一等级。

②满足其中三个条件为第二等级。

③满足其中两个条件为第三等级。

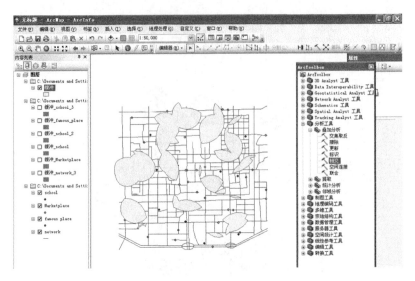

图 8 – 66　三个图层缓冲区的交集区域

图 8 – 67　"擦除"对话框

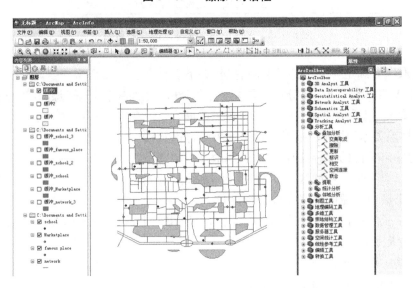

图 8 – 68　满足条件的区域

④满足其中一个条件为第四等级。

⑤完全不满足条件的为第五等级。

（1）属性赋值

①分别打开商业中心、名牌高中和名胜古迹影响范围缓冲区图层的属性列表,分别添加"market""school"和"famous"字段,并全部赋值为1。

②向主干道噪声污染缓冲区图层的属性类表中添加"voice"字段,全部赋值为 -1（因为噪声污染缓冲区之外的区域才是满足要求的,因此取值为 -1）。

（2）区域叠加

①打开 ArcToolbox,单击【分析工具】|【叠加分析】|【联合】,打开"联合"对话框,如图 8 - 69 所示。

②依次添加 4 个缓冲区图层。

③设定输出文件的保存路径和名称"d：\result\Union. shp"。

④在"连接属性（可选）"下拉列表框中选择"ALL"。

图 8 - 69　"联合"对话框

⑤四个区域的叠加如图 8 - 70 所示。

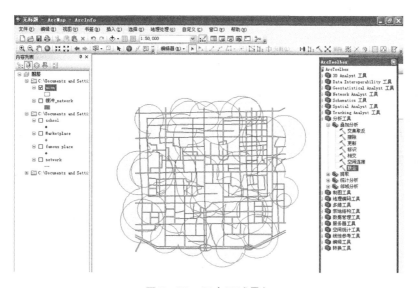

图 8 - 70　四个区域叠加

（3）分级

①打开生成的"Union"文件图层的属性列表。

②在属性列表中选择添加字段，添加一个短整型字段 class。

③在属性列表中的"class"字段上单击鼠标右键，选择字段计算器。

④在打开的"字段计算器"对话框中，输入运算公式"[famous] + [market] + [school] + [voice]"，如图 8 - 71 所示。

图 8 - 71　输入运算公式

（4）应用"class"字段的属性值进行符号化分级显示。

第一等级：数值为 3；

第二等级：数值为 2；

第三等级：数值为 1；

第四等级：数值为 0；

第五等级：数值为 - 1。

得到的整个地区择房分析成果图如图 8 - 72 所示。

在现实情况下，影响购房的因素更多，例如房地产价格、交通便利与否、是否是闹市区、离工作地点远近等。操作人员可自己设计阈值和条件，寻找符合要求的区域。

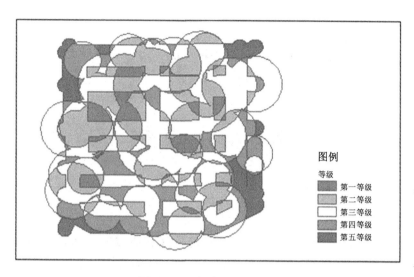

图 8 – 72　择房分析成果图

第9章 拓扑分析

9.1 拓扑基础

9.1.1 拓扑基本概念

1. 拓扑学

拓扑学是几何学的一个分支,但是这种几何学又和通常的平面几何、立体几何不同。通常的平面几何或立体几何研究的对象是点、线、面之间的位置关系以及它们的度量性质。拓扑学采用拓扑几何来描述,主要涉及目标与周围其他对象的"相连""相邻""包含"等关系研究。

2. 拓扑关系

拓扑学是研究空间实体的拓扑关系的科学。拓扑关系是明确定义空间结构的一种数学方法,它表示要素间的邻接关系和包含关系,这些信息在地图上借助图形来识别和解释,而在计算机中则利用拓扑关系对各种数据加以完善严密的组织。

3. 建立拓扑的意义

数据是 GIS 的核心,GIS 数据质量对于评定 GIS 的算法,减少 GIS 设计与开发的盲目性,GIS 系统的无缝的统计查询、空间分析都具有重要的意义。而在现实生活中,由于数据源的多源性,数据格式多样性,数据生产、数据转换、数据处理标准的不一致性等原因都造成数据的质量无法满足现实的需要。例如,GIS 在国土应用当中,最常见的是获得一个宗地(面状要素)所包络的界址线(线状要素)、界址点(点状要素),如果数据质量不严格就不能获得正确的结果。

如此就需要进行数据检查,而拓扑检查无疑是最有效、最快捷、最简便的一种检查方式。以 ArcGIS 拓扑为例,在数据集当中建立适当的拓扑规则(must be covered by boundary of,点必须在多边形的边界上,线被多边形边界重叠),进行拓扑检查,就能标记出有悖于该拓扑规则的拓扑错误,便于用户修改,进而达到标准的数据质量。

拓扑最基本的用途是:保证数据质量、提高空间查询统计分析的正确性和效率,进而为相关行业提供真实有效的指导,同时也使地理数据库能够更真实地反映地理要素。

4. 拓扑检查

入库前的拓扑检查作用:保证了数据质量(防患于未然),规范标准化,本地文件的检查效率高。(适合于国家级库建设、省级库建设,大数据量。)

入库后的拓扑检查作用:对数据库的数据质量进行实时检查,提高了编辑数据的数据质量 。(适合于县级及以下库建设,特别是数据编辑、空间分析等功能使用频繁的。)

9.1.2 ArcGIS 的拓扑

目前 ESRI 提供的数据存储方式中,Coverage 和 GeoDatabase 格式的数据能够建立拓扑,

Shape 格式的数据不能建立拓扑。

ArcGIS 拓扑（Topology）是在同一个要素集（Feature Dataset）下的要素类（Feature Class）之间的拓扑关系的集合。因此，要参与一个拓扑的所有要素类必须在同一个要素集内。一个要素集可以有多个拓扑，但每个要素类最多只能参与一个拓扑。

ArcGIS 拓扑由拓扑名称（Name），拓扑容差（Tolerance）、要素类（Feature class）、级别（Rank）、拓扑规则（Rule）组成。

1. 拓扑名称（Name）

拓扑名称不能重复，也就是说一个数据集只能存在唯一的拓扑名称。该名称不能以数字开头，不能存在一些类似@ 、#等的符号。

2. 拓扑容差（Tolerance）

拓扑容差是边界与节点只要在该范围内就默认它们为无缝连接。默认的容差值为数据集的 XY 容差，拓扑容差不能小于数据集的 XY 容差。包括 Z 容差在 ArcGIS 中可分为 X、Y 族容限和 Z 族容限，X、Y 族容限是指当两个要素顶点被判定为不重合时他们之间的最小水平距离，同一族容限内的顶点被定义为重合并且合并到一起，而 Z 族容限定义了高程上的最小差异，或者重合的顶点间的最小 Z 值；在族容限范围内的顶点会被捕捉到一起，如图 9 – 1所示。

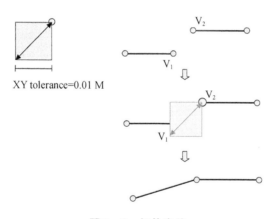

XY tolerance=0.01 M

图 9 – 1　拓扑容差

3. 要素类（Feature Class）

必须选择在同一数据集下的要素类，当要素集中的所有要素都已经参加建立其他拓扑的时候，使用已使用的要素类新建立拓扑会产生错误。

4. 级别（Rank）

在拓扑验证的过程中，有自动捕捉的过程，要素会移动。在 ArcGIS 拓扑关系中每一个要素类是根据 Rank 值的大小来控制移动程度的。Rank 等级越高的要素移动程度越小。ArcGIS 提供的 Rank 范围为 1 ~ 50，Rank 值等于 1 的为最高等级。

5. 拓扑规则（Rule）

定义地理数据库中一个给定要素类内或两个不同要素类之间所许可的要素关系的指令。通俗称 ArcGIS 定义了不同图形类型要素之间的空间关系。拓扑规则可以定义在要素类的不同要素之间，也可以定义在两个或多个要素类之间。

6. 验证拓扑

根据建立拓扑时设置的要素类、要素类级别,根据设置好的拓扑规则进行检验,如果目标数据存在与拓扑规则相悖的情况,即标记显示拓扑错误。需要注意的是,没有版本的拓扑可以随时验证,而有版本的拓扑必须在编辑状态下验证。非常大的数据集验证需要很长的时间,用户需要根据数据量来安排验证时间。

7. 验证拓扑结果

(1)脏区(Dirty Area)

在编辑过的区域内,可能会出现该编辑行为的结果违反已有拓扑规则的情况,标记为脏区。在编辑后,脏区允许选定部分区域而不用选择整个拓扑区域范围进行验证,如图9-2所示。

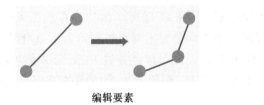

编辑要素 脏区创建

图9-2 拓扑中的脏区

出现脏区的情况有:

①新建要素或删除要素;

②要素的形状改变;

③要素的子类变化;

④版本一致化(Reconciled);

⑤拓扑规则更改。

(2)错误(Error)和例外(Exceptions)

拓扑检验时,凡是与拓扑规则相悖的会标记为拓扑错误(Error),但是某些所谓的错误可以指定该处错误为一个特殊情况,可以不受定义的拓扑规则的约束,不再将其视为错误,把该类型的错误标记为例外(Exceptions),如图9-3所示。

■ "不得出现悬挂弧"的拓扑错误

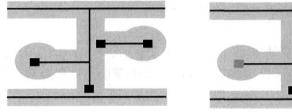

■ 将"不得出现悬挂弧"的拓扑错误标记为外

图9-3 拓扑错误

（3）拓扑错误原因

①与拓扑规则相悖；

②不同级别的 Tolerance 设置；

③存储方式。

应该将参与同一拓扑中的数据集存储为相同的几何存储类型。不这样的话，就会出现因为存储类型不同引起的某些拓扑错误。不同存储类型的数据存储的方式的轻微变化会引起微小差异，这些差异虽是极小（大概 1 毫米），但也可能会导致违反拓扑规则。

例如：一个面状要素类 A 存储为 SDO_Geometry，一个面状要素类 B 存储为 ArcSDE 压缩二进制文件（Long Raw），如果把拓扑规则设定为"要素类 A Must not overlap with 要素类 B"，功能在呈现的方式中的微小差异可能导致违反该拓扑规则，导致拓扑错误。

8. 不能建立拓扑的情况

（1）目标要素类已参与了一个 Topology 或 Geometry Network；

（2）目标要素类是一个注记层；

（3）目标要素类是一个多维图层；

（4）目标要素类是一个多点层；

（5）目标要素类是一个多片层。

9. 拓扑管理

（1）修改拓扑属性（ArcCatalog）

重命名或者其他（重新验证）。

（2）删除拓扑

删除拓扑不会影响参与该拓扑的要素类，只会删除控制这些要素类间空间关系的规则。

（3）复制粘贴拓扑

复制拓扑的同时也会复制其中的要素类。

9.2　ArcGIS 中的拓扑规则

9.2.1　面要素的拓扑规则

1. 必须大于集群容差（Must be greater than the cluster tolerance）

要求要素在验证过程中不折叠。此规则是拓扑的强制规则，应用于所有的线和面要素类。在违反此规则的情况下，原始几何将保持不变。

修复方式如下。

删除：基于拓扑的集群容差设置，"删除"修复可移除在验证过程中会发生折叠的面要素。此修复可应用至一个或多个"必须大于集群容差"错误。任何将在验证拓扑时折叠的面要素（如以红色显示的要素）都是一个错误。

2. 不能重叠（Must not overlap）

要求面的内部不重叠。面可以共享边或折点。当某区域不能属于两个或多个面时，使用此规则。此规则适用于行政边界（如"邮政编码"区或选举区）以及相互排斥的地域分类（如土地覆盖或地貌类型）。

修复方式如下。

（1）剪除

"剪除"修复从每个引发错误的要素中移除几何的重叠部分并在原来的位置留下了空隙或空白。此修复可应用于一个或多个选中的"不能重叠"错误。

（2）合并

"合并"修复向一个要素添加重叠的部分并从其他违反规则的要素中将此部分剪除。需要使用"合并"对话框选择接收重叠部分的要素。此修复仅可应用于一个"不能重叠"错误。

（3）创建要素

"创建要素"修复使用错误形状创建新的面要素，并从各要素中移除重叠部分，这将导致创建要素几何的平面制图表达产生错误。此修复可应用于一个或多个选中的"不能重叠"错误。

3. 不能有空隙（Must not have gaps）

此规则要求单一面之中或两个相邻面之间没有空白。所有面必须组成一个连续表面。表面的周长始终存在错误。可以忽略这个错误或将其标记为异常。此规则用于必须完全覆盖某个区域的数据。例如，土壤面不能包含空隙或具有空白，这些面必须覆盖整个区域。

修复方式如下。

创建要素："创建要素"修复使用形成空隙的错误线形状的闭合环创建新的面要素。此修复可应用于一个或多个选中的"不能有空隙"错误。如果选择两个错误并使用"创建要素"修复，结果是每个环形都成一个面要素。如果您希望得到一个多部分（Multipart）要素，则需要选中各新要素并单击"编辑器"菜单中的"合并"。请注意，形成要素类的外部边界的环将会出错。

4. 不能与其他要素重叠（Must not overlap with）

要求一个要素类（或子类型）面的内部不得与另一个要素类（或子类型）面的内部相重叠。两个要素类的面可以共享边或折点，或完全不相交。当某区域不能属于两个单独的要素类时，使用此规则。此规则适用于结合两个相互排斥的区域分类系统（如区域划分和水体类型，其中，在区域划分类中定义的区域无法在水体类中也进行定义，反之亦然）。

修复方式如下。

（1）剪除

"剪除"修复从每个引发错误的要素中移除重叠部分并在原来的位置保留空隙或空白。此修复可应用于一个或多个选中的"不能与其他要素重叠"错误。

（2）合并

"合并"修复向一个要素添加重叠的部分并从其他违反规则的要素中将此部分剪除。需要使用"合并"对话框选择接收重叠部分的要素。此修复仅可应用于一个"不能与其他要素重叠"错误。

5. 必须被其他要素的要素类覆盖（Must be covered by feature class of）

要求一个要素类（或子类型）中的面必须向另一个要素类（或子类型）中的面共享自身所有的区域。第一个要素类中若存在未被其他要素类的面覆盖的区域则视作错误。当一种类型的区域（如一个州）应被另一种类型的区域（如所有的下辖县）完全覆盖时，使用此规则。

修复方式如下。

（1）剪除

"剪除"修复移除引发错误的每个要素的非重叠部分,这样两个要素类中各要素的边界都将相同。此修复可应用于一个或多个选中的"必须被其他要素的要素类覆盖"错误。

（2）创建要素

"创建要素"修复根据现有面的未重叠部分创建新的面要素,这样两个要素类中每个要素的边界都将相同。此修复可应用于一个或多个选中的"必须被其他要素的要素类覆盖"错误。

6. 必须互相覆盖(Must cover each other)

要求一个要素类(或子类型)的面必须与另一个要素类(或子类型)的面共享双方的所有区域。面可以共享边或折点。任何一个要素类中存在未与另一个要素类共享的区域都视作错误。当两个分类系统用于相同的地理区域时使用此规则,在一个系统中定义的任意指定点也必须在另一个系统中定义。通常嵌套的等级数据集需要应用此规则,如人口普查区块和区块组或小分水岭和大的流域盆地。此规则还可应用于非等级相关的面要素类(如土壤类型和坡度分类)。

修复方式如下。

（1）剪除

"剪除"修复移除引发错误的每个要素的非重叠部分,这样两个要素类中各要素的边界都将相同。此修复可应用于一个或多个选中的"必须互相覆盖"错误。

（2）创建要素

"创建要素"修复根据现有面的未重叠部分创建新的面要素,这样两个要素类中每个要素的边界都将相同。此修复可应用于一个或多个选中的"必须互相覆盖"错误。

7. 必须被其他要素覆盖(Must be covered by)

要求一个要素类(或子类型)的面必须包含于另一个要素类(或子类型)的面中。面可以共享边或折点。在被包含要素类中定义的所有区域必须被覆盖要素类中的区域所覆盖。当指定类型的区域要素必须位于另一类型的要素中时,使用此规则。当建模作为较大范围区域的子集区域(如森林中的管理单位或区块组中的区块)时,此规则非常有用。

修复方式如下。

创建要素:"创建要素"修复根据现有面的未重叠部分创建新的面要素,这样两个要素类中每个要素的边界都将相同。此修复可应用于一个或多个选中的"必须被其他要素覆盖"错误。

8. 边界必须被其他要素覆盖(Boundary must be covered by)

要求面要素的边界必须被另一要素类中的线覆盖。此规则在区域要素需要具有标记区域边界的线要素时使用。通常在区域具有一组属性且这些区域的边界具有其他属性时使用。例如,宗地可能与其边界一同存储在地理数据库中。每个宗地可能由一个或多个存储着与其长度或测量日期相关的信息的线要素定义,而且每个宗地都应与其边界完全匹配。

修复方式如下。

创建要素:"创建要素"修复方式使用产生错误的面要素的边界线段创建新的线要素。此修复可应用于一个或多个选中的"边界必须被其他要素覆盖"错误。

9.面边界必须被其他要素的边界覆盖(Boundary nust be covered by boundary of)

要求一个要素类(或子类型)中的面要素的边界被另一个要素类(或子类型)中的面要素的边界覆盖。当一个要素类中的面要素(如住宅小区)由另一个类(如宗地)中的多个面组成,且共享边界必须对齐时,此规则非常有用。

修复方式:无。

10.包含点(Contains point)

要求一个要素类中的面至少包含另一个要素类中的一个点。点必须位于面中,而不是边界上。当每个面至少应包含一个关联点时(如宗地必须具有地址点),此规则非常有用。

修复方式如下。

创建要素:"创建要素"修复在引发错误的面要素的质心处创建新的点要素。保证创建的点要素在面要素中。此修复可应用于一个或多个选中的"包含点"错误。

11.包含一个点(Contains one point)

要求每个面包含一个点要素且每个点要素落在单独的面要素中。如果在面要素类的要素和点要素类的要素之间必须存在一对一的对应关系(如行政边界与其首都),此规则非常有用。每个点必须完全位于一个面要素内部,而每个面要素必须完全包含一个点。点必须位于面要素中,而不是边界上。

修复方式:无。

9.2.2　线要素的拓扑规则

1.必须大于集群容差

要求要素在验证过程中不折叠。此规则是拓扑的强制规则,应用于所有的线和面要素类。在违反此规则的情况下,原始几何将保持不变。

修复方式如下。

删除:基于拓扑的集群容差设置,"删除"修复可移除在验证过程中会发生折叠的线要素。此修复可应用至一个或多个"必须大于集群容差"错误。

2.不能重叠(Must not overlap)

要求线不能与同一要素类(或子类型)中的线重叠。例如,当河流要素类中线段不能重复时,使用此规则。线可以交叉或相交,但不能共享线段。

修复方式如下。

剪除:"剪除"修复从引发错误的要素移除重叠线段。必须选择将从中移除错误的要素。如果有重复的线要素,请选择要通过"剪除"对话框删除的线要素。请注意,"剪除"修复将创建多部分要素,因此如果重叠线段不在线要素的起始或末尾处,可能需要使用高级编辑工具条中的"拆分"命令创建单部分要素。此修复仅可应用于一个选中的"不能重叠"错误。

3.不能相交(Must not intersect)

要求相同要素类(或子类型)中的线要素不能彼此相交或重叠。线可以共享端点。此规则适用于绝不应彼此交叉的等值线,或只能在端点相交的线(如街段和交叉路口)。

修复方式如下。

(1)剪除

"剪除"修复从引发错误的要素移除重叠线段。必须选择将从中移除错误的要素。如果有重复的线要素,请选择要通过"剪除"对话框删除的线要素。请注意,"剪除"修复将创建多部分要素,因此如果重叠线段不在线要素的起始或末尾处,可能需要使用高级编辑工具条中的"拆分"命令创建单部分要素。此修复仅可应用于一个"不能相交"错误。

(2)分割

"分割"修复用于在交点处分割相互交叉的线要素。如果两条线在某一点处交叉,在该位置使用"分割"修复将生成四个要素。分割后的要素将保留原始要素中的属性。如果使用分割策略,属性将进行相应更新。此修复可应用于一个或多个"不能相交"错误。

4. 不能与其他要素重叠(Must not overlap with)

要求一个要素类(或子类型)中的线要素不能与另一个要素类(或子类型)中的线要素相交或重叠。线可以共享端点。当两个图层中的线绝不应当交叉或只能在端点处发生相交时(如街道和铁路),使用此规则。

修复方式如下。

(1)剪除

"剪除"修复从引发错误的要素移除重叠线段。必须选择将从中移除错误的要素。如果有重复的线要素,请选择要通过"剪除"对话框删除的线要素。请注意,"剪除"修复将创建多部分要素,因此如果重叠线段不在线要素的起始或末尾处,可能需要使用高级编辑工具条中的"拆分"命令创建单部分要素。此修复仅可应用于一个"不能与其他要素重叠"错误。

(2)分割

"分割"修复用于在交点处分割相互交叉的线要素。如果两条线在某一点处交叉,在该位置使用"分割"修复将生成四个要素。分割后的要素将保留原始要素中的属性。如果使用分割策略,属性将进行相应更新。此修复可应用于一个或多个"不能与其他要素重叠"错误。

5. 不能有悬挂点(Must not have dangles)

要求线要素的两个端点必须都接触到相同要素类(或子类型)中的线。未连接到另一条线的端点称为悬挂点。当线要素必须形成闭合环时(例如由这些线要素定义面要素的边界),使用此规则。它还可在线通常会连接到其他线(如街道)时使用。在这种情况下,可以偶尔违反规则使用异常,例如死胡同(Culdesac)或没有出口的街段的情况。

(1)延伸

"延伸"修复用于在线要素能够在指定距离内捕捉到其他线要素的情况下,延伸线要素的悬挂端点。如果在指定的距离内未找到要素,要素将不会按指定的距离延伸。另外,如果选择多个错误,则修复将跳过无法延伸的要素然后试图处理列表中的下一个要素。无法延伸的要素的错误将保留在"错误检查器"对话框中。如果距离值为0,线将一直延伸直至这些线遇到能捕捉到的要素。此修复可应用于一个或多个"不能有悬挂点"错误。

(2)修剪

如果在指定距离内发现交点,"修剪"修复会修剪悬挂线要素。如果在所指定的距离内未发现要素,则不会修剪此要素,如果指定距离大于出错要素的长度也不会删除此要素。如果距离值为0,线将被修剪直至遇到交点。如果没有找到交点,将不会修剪要素,修复将会试图修剪出错的下一个要素。此修复可应用于一个或多个"不能有悬挂点"错误。

（3）捕捉

"捕捉"修复会将悬挂线要素捕捉到指定距离内最近的线要素。如果在所指定距离内不存在线要素，则不会捕捉该线。"捕捉"修复将悬挂线捕捉到指定距离内发现的最近的要素。它首先搜索要捕捉到的端点，然后是折点，最后捕捉到要素类中线要素的边。"捕捉"修复可应用于一个或多个"不能有悬挂点"错误。

6. 不能有伪结点（Must not have pseudo-nodes）

要求线在每个端点处至少连接两条其他线。连接到一条其他线（或到其自身）的线被认为是包含了伪结点。在线要素必须形成闭合环时使用此规则，例如由这些线要素定义面的边界，或逻辑上要求线要素必须在每个端点连接两条其他线要素的情况。河流网络中的线段就是如此，但需要将一级河流的源头标记为异常。

修复方式如下。

（1）合并至最长的要素

"合并至最长的要素"修复会将较短线的几何合并到最长线的几何中。将保留最长线要素的属性。此修复可应用于一个或多个"不能有伪结点"错误。

（2）合并

"合并"修复将一个线要素的几何添加到引发错误的其他线要素中。必须选择要合并到的线要素。此修复可应用于一个选中的"不能有伪结点"错误。

7. 不能相交或内部接触（Must not intersect or touch interior）

要求一个要素类（或子类型）中的线必须仅在端点处接触相同要素类（或子类型）的其他线。任何其中有要素重叠的线段或任何不是在端点处发生的相交都是错误。此规则适用于线只能在端点处连接的情况，例如地块线必须连接（仅连接到端点）至其他地块线，并且不能相互重叠。

修复方式如下。

（1）剪除

"剪除"修复从引发错误的要素移除重叠线段。必须选择将从中移除错误的要素。如果有重复的线要素，请选择要通过"剪除"对话框删除的线要素。"剪除"修复将创建多部分要素，因此如果重叠线段不在线要素的起始或末尾处，可能需要使用高级编辑工具条中的"拆分"命令创建单部分要素。此修复仅可应用于一个选中的"不能相交或内部接触"错误。

（2）分割

"分割"修复用于在交点处分割相互交叉的线要素。如果两条线在某一点处交叉，在该位置使用"分割"修复将生成四个要素。分割后的要素将保留原始要素中的属性。如果使用分割策略，属性将进行相应更新。此修复可应用于一个或多个"不能相交或内部接触"错误。

8. 不能与其他要素相交或内部接触（Must not intersect or touch interior with）

要求一个要素类（或子类型）中的线必须仅在端点处接触另一要素类（或子类型）的其他线。任何其中有要素重叠的线段或任何不是在端点处发生的相交都是错误。当两个图层中的线必须仅在端点处连接时，此规则非常有用。

修复方式如下。

（1）剪除

"剪除"修复从引发错误的要素移除重叠线段。必须选择将从中移除错误的要素。如果有重复的线要素，请选择要通过"剪除"对话框删除的线要素。"剪除"修复将创建多部分要素，因此如果重叠线段不在线要素的起始或末尾处，可能需要使用高级编辑工具条中的"拆分"命令创建单部分要素。此修复仅可应用于一个选中的"不能与其他要素相交或内部接触"错误。

（2）分割

"分割"修复用于在交点处分割相互交叉的线要素。如果两条线在某一点处交叉，在该位置使用"分割"修复将生成四个要素。分割后的要素将保留原始要素中的属性。如果使用分割策略，属性将进行相应更新。此修复可应用于一个或多个"不能与其他要素相交或内部接触"错误。

9. 不能与其他要素重叠（Must not overlap with）

要求一个要素类（或子类型）中的线要素不能与另一个要素类（或子类型）中的线要素重叠。线要素无法共享同一空间时使用此规则。例如道路不能与铁路重叠，或洼地子类型的等值线不能与其他等值线重叠。

修复方式如下。

剪除："剪除"修复从引发错误的要素移除重叠线段。必须选择将从中移除错误的要素。如果有重复的线要素，请选择要通过"剪除"对话框删除的线要素。"剪除"修复将创建多部分要素，因此如果重叠线段不在线要素的起始或末尾处，可能需要使用高级编辑工具条中的"拆分"命令创建单部分要素。此修复仅可应用于一个"不能与其他要素重叠"错误。

10. 必须被其他要素的要素类覆盖（Must be covered by feature class of）

要求一个要素类（或子类型）中的线必须被另一个要素类（或子类型）中的线所覆盖。此规则适于建模逻辑不同但空间重合的线（如路径和街道）。公交路线要素类不能离开在街道要素类中定义的街道。

修复方式如下。

11. 必须被其他要素的边界覆盖（Must be covered by boundary of）

要求线要素被面要素的边界覆盖。这适于建模必须与面要素（如地块）的边重合的线要素（如地块线）。

修复方式如下。

剪除："剪除"修复可移除未与面要素的边界重合的线段。如果线要素不能与面要素的边界共享任何相同线段，要素将被删除。此修复可应用于一个或多个"必须被其他要素的边界覆盖"错误。

12. 必须位于内部（Must be inside）

要求线要素包含在面要素的边界内。当线要素可能与面边界部分重合或全部重合但不能延伸到面要素之外（如必须位于州边界内部的高速公路和必须位于分水岭内部的河流）时，此选项十分有用。

修复方式如下。

删除："删除"修复可移除不在面要素内部的线要素。请注意，如果不想删除线，则可以使用"编辑"工具将线移动到面内部。此修复可应用于一个或多个"必须位于内部"错误。

13. 端点必须被其他要素覆盖(Endpoint must be covered by)

要求线要素的端点必须被另一要素类中的点要素覆盖。在某些建模情况下,例如设备必须连接两条管线,或者交叉路口必须出现在两条街道的交汇处时,此工具十分有用。

修复方式如下。

创建要素:"创建要素"修复在出错的线要素的端点处添加新的点要素。"创建要素"修复可应用于一个或多个"端点必须被其他要素覆盖"错误。

14. 不能自重叠(Must not self-overlap)

要求线要素不得与自身重叠。这些线要素可以交叉或接触自身但不得有重合的线段。此规则适用于街道等线段可能接触闭合线的要素,但同一街道不应出现两次相同的路线。

修复方式如下。

简化:"简化"修复从出错的要素移除自重叠线段。应用"简化"修复会生成多部分要素,可以使用"必须为单一部分"规则对其进行检测。"简化"修复可应用于一个或多个"不能自重叠"错误。

15. 不能自相交(Must not self-intersect)

要求线要素不得自交叉或与自身重叠。此规则适用于不能与自身交叉的线(如等值线)。

修复方式如下。

简化:"简化"修复从出错的要素移除自重叠线段。请注意,应用"简化"修复能生成多部分要素。可以使用"必须为单一部分"规则检测多部分要素。此修复可应用于一个或多个"不能自相交"错误。

16. 必须为单一部分(Must be single part)

要求线只有一个部分。当线要素(如高速公路)不能有多个部分时,此规则非常有用。

修复方式如下。

拆分:"拆分"修复使用出错的多部分线要素的每个部分创建单一部分线要素。此修复可应用于一个或多个"必须为单一部分"错误。

9.2.3 点要素的拓扑规则

1. 必须与其他要素重合(Must coincide with)

要求一个要素类(或子类型)中的点必须与另一个要素类(或子类型)中的点重合。此规则适用于点必须被其他点覆盖的情况,如变压器必须与配电网络中的电线杆重合,观察点必须与工作站重合。

修复方式如下。

捕捉:"捕捉"修复将第一个要素类或子类型中的点要素移动到指定距离范围内的第二个要素类或子类型中最近的点。如果在所指定的容差范围内不存在点要素,则不会捕捉该点。"捕捉"修复可应用于一个或多个"必须与其他要素重合"错误。

2. 必须不相交(Must be disjoint)

要求点与相同要素类(或子类型)中的其他点在空间上相互分离。重叠的任何点都是错误。此规则可确保相同要素类的点不重合或不重复,如城市图层中宗地块 ID 点、井或路灯杆。

修复方式:无。

3.必须被其他要素的边界覆盖(Must be covered by boundary of)

要求点位于面要素的边界上。这在点要素帮助支持边界系统(如必须设在某些区域边界上的边界标记)时非常有用。

4.必须完全位于内部(Must be properly inside)

要求点必须位于面要素内部。这在点要素与面有关时非常有用,如井和井垫或地址点和宗地。

修复方式如下。

删除:"删除"修复可移除没有完全落在面要素内部的点要素。请注意,如果不想删除点,则可以使用"编辑"工具将点移动到面内部。此修复可应用于一个或多个"必须完全位于内部"错误。

5.必须被其他要素的端点覆盖(Must coincide with)

要求一个要素类中的点必须被另一要素类中的线的端点覆盖。除了当违反此规则时标记为错误的是点要素而不是线之外,此规则与线规则"端点必须被其他要素覆盖"极为相似。边界拐角标记可以被约束,以使其被边界线的端点覆盖。

修复方式如下。

删除:"删除"修复可移除不与线要素的端点重合的点要素。请注意,可以将点捕捉到线,方法为将边捕捉设置为线图层,然后使用"编辑"工具移动点。此修复可应用于一个或多个"必须被其他要素的端点覆盖"错误。

6.点必须被线覆盖(Must be covered by)

要求一个要素类中的点被另一要素类中的线覆盖。它不能将线的覆盖部分约束为端点。此规则适用于沿一组线出现的点,如公路沿线的公路标志。

修复方式:无。

9.3　ArcGIS 中的拓扑操作

9.3.1　利用 Geodatabase 创建拓扑

在 Topology 数据集中导入两个 Shapefile,建立该要素数据集的拓扑关系,进行拓扑检验,修改拓扑错误,并进行拓扑编辑。

利用 Personal Geodatabase 创建拓扑关系,其操作流程如图 9 - 4 所示。

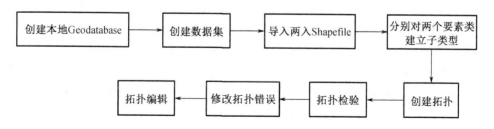

图 9 - 4　利用 Personal Geodatabase 创建拓扑关系的操作流程

1. 创建 Geodatabase

(1)在 ArcCatalog 中建立新的 Personal Geodatabase,命名为"NewGeodatabase",并为其创建新的要素数据集,命名为"Topology"。

(2)为数据集设置坐标系统,将"Blocks. shp"或"Parcels. shp"的坐标系统导入给该数据集。其他参数采用默认。

2. 向数据集中导入数据

在 ArcCatalog 中,将两个 shape 数据"Blocks. shp"和"Parcels. shp"导入到刚建立的数据集中,如图 9 - 5 所示。

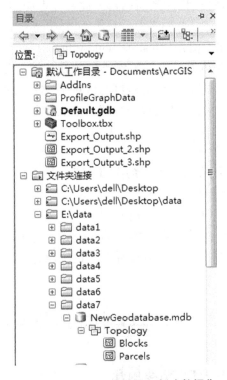

图 9 - 5 将 shape 数据导入新建数据集

3. 在要素中建立子类型

在创建地块的拓扑关系之前,需把要素分为居民区和非居民区两个子类型,即把两个要素类的"Res"属性字段分为"Residential"和"Non-Residential"两个属性代码值域,分别代表居民区和非居民区两个子类型。

(1)在"Blocks"要素类上单击鼠标右键,单击【属性】,打开"要素类属性"对话框。

(2)选中"子类型"标签。在"子类型字段"下拉列表框中选择一个子类型字段"Res",在"子类型"栏中的"编码"列下输入新的子类型代码及其描述,描述将自动更新"默认值和属性阈"栏中的内容。添加两个子类型,"Residential"和"Non-Residential",如图 9 - 6 所示。

(3)以相同的方法在"Parcels"要素类中建立两个子类型"Residential"和"Non-Residential"。

4. 创建拓扑

(1)在 ArcCatalog 中,鼠标右键单击要建拓扑的要素数据集,单击【新建】|【拓扑】,如

图9-7所示。打开"新建拓扑"对话框,它是对拓扑的简单介绍,单击【下一步】按钮,在新打开的对话框中输入所创建拓扑名称和拓扑容差。拓扑容差应该依据数据精度而尽量小,它决定着多大范围内的要素能被捕捉到一起,如图9-8所示。

图9-6 添加子类型

图9-7 新建拓扑

(2)单击【下一步】按钮,在新打开对话框中选中参与创建拓扑的要素类(至少两个),如图9-9所示。

(3)单击【下一步】按钮,在新打开的对话框中设置拓扑等级的数目及拓扑中每个要素类的等级,这里设置为相同,等级为1,如图9-10所示。

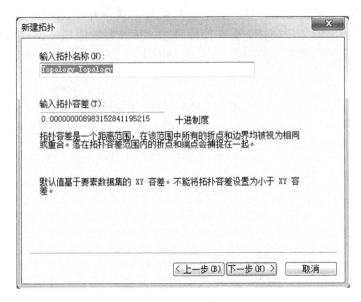

图 9 - 8　设置拓扑名称和拓扑容差

图 9 - 9　选择要参与到拓扑中的要素类

　　(4)单击【下一步】按钮,在新打开的对话框中单击【添加规则】按钮,打开"添加规则"对话框。在"要素类的要素"下拉列表框中选择"Parcels"中的"Non-Residential",在"规则"下拉列表框中选择"不能与其他要素重叠",在"要素类"下拉列表框中选择"Blocks"中的"Residential"。这个规则表示"Parcels"中的非居住区不能与"Blocks"中的居住区重叠,即详细规划不能与总体规划冲突,如图 9 - 11 所示。

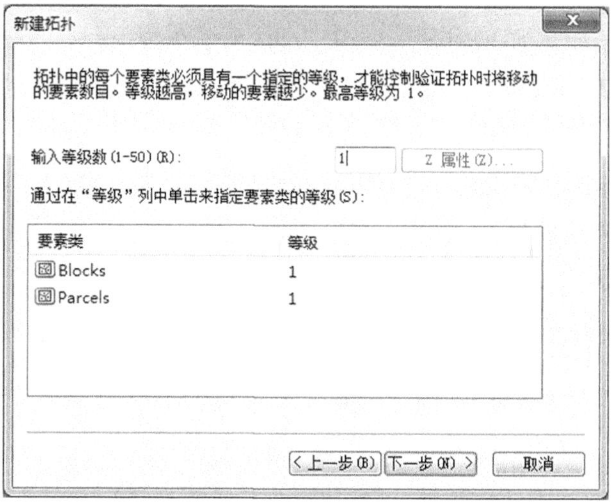

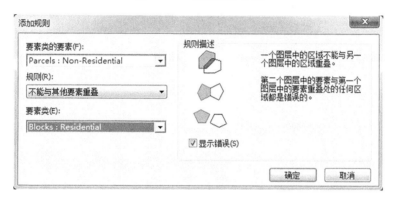

图 9－10　设置拓扑等级

图 9－11　设置拓扑规则

（5）单击【确定】按钮，返回上一级对话框。单击【下一步】按钮，打开"参数信息总结"对话框，检查无误后，单击【完成】按钮，拓扑创建成功。接下来会弹出一个对话框，询问是否立即进行拓扑检验，单击【否】按钮，在以后的工作流程中再进行拓扑检验，如图 9－12 所示，创建的拓扑会出现在 Catalog 中。如果单击【是】按钮，则会出现进程条，进程结束时，拓扑检验完毕，创建的拓扑出现在 Catalog 中。这里单击【否】按钮。

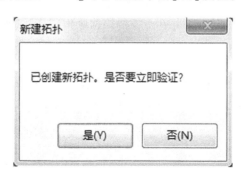

图 9－12　是否立即验证

5. 查找拓扑错误

(1)在 ArcMap 中加载创建好的拓扑文件,加载时会出现询问是否加载与拓扑相关的所有文件的对话框,单击【是】按钮。将"Parcels"图层设为可编辑状态。加载拓扑工具条,如图 9 - 13 所示,单击【选择拓扑】按钮 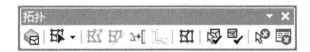 选中要编辑的拓扑图层,如图 9 - 14 所示。单击【验证当前范围中的拓扑】按钮 ,进行拓扑检验,检验完成后,ArcMap 视图中出现四个深色的方块,即是错误产生的地方,如图 9 - 15 所示。

图 9 - 13 拓扑工具条

图 9 - 14 选择拓扑图层

(2)单击拓扑工具条中的【错误检查器】按钮 ,打开"错误检查器"对话框,单击【立即搜索】按钮,即可检查出拓扑错误,并在下方的表格中出现拓扑错误的详细信息,如图 9 - 16 所示。

6. 修改拓扑错误

(1)当"Parcels"中的非居住区与"Blocks"中的居住区重叠时,产生了拓扑错误。为了修改拓扑错误,可以把产生拓扑错误的"Parcels"中的"Non-Residential"改为"Residential"。单击 按钮,选中产生拓扑错误的要素,再单击 按钮,打开属性表,将"Res"字段改为"Residential",如图 9 - 17 所示。

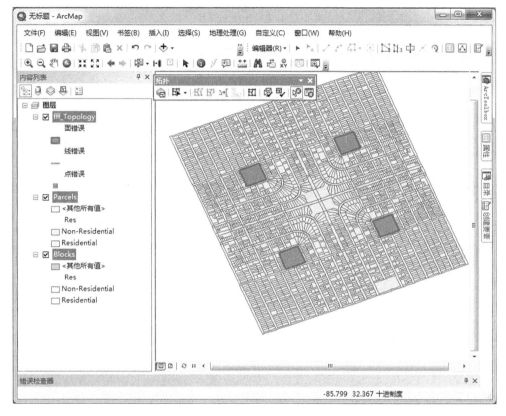

图 9-15 拓扑错误

图 9-16 错误检查

(2)所有的拓扑错误都修改后,需要重新进行拓扑检验。可以单击拓扑工具条中的按钮,在图面上的指定区域进行拓扑检验,单击按钮可以在当前视图进行拓扑检验。

通过拓扑检验,可以发现按照预先制定的规则已经不存在拓扑错误了。

注意拓扑错误修改时,也可将"Blocks"层设置为编辑状态,把产生拓扑错误的"Blocks"中的"Residential"改为"Non-Residential",再进行拓扑检验即可。当然,做具体研究时,需要针对研究的实际情况进行修改。

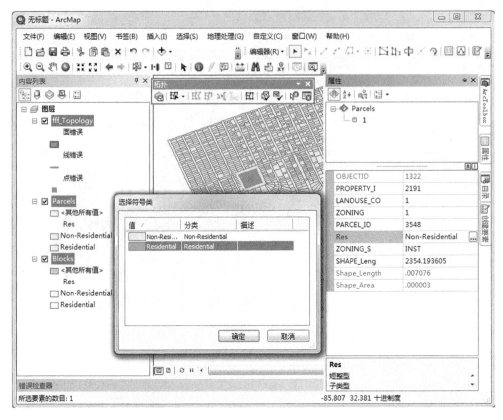

图 9 – 17　修改错误

7. 拓扑编辑

如果一个地块的边界需要修改,操作如下。

将"Parcels"设置为可编辑状态,将视图放大到一定比例,单击拓扑工具条中的 按钮,选择要进行拓扑编辑的要素,进行移动、修改等操作。如图 9 – 18 所示,进行共享节点的移动。

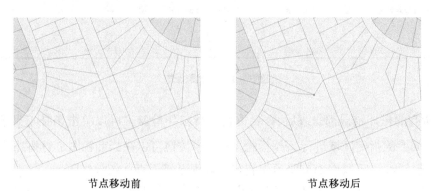

节点移动前　　　　　　　　　　　　节点移动后

图 9 – 18　节点移动编辑

9.3.2　利用 Coverage 创建拓扑

（1）打开 ArcCatalog，在 ArcCatalog 目录树下新建一个文件夹，并命名为"tuopu"。

（2）鼠标右键单击"tuopu"文件夹，在下拉菜单中单击【新建】，在出现的下拉菜单中单击【Shapefile】，新建一个 Shapefile 文件，弹出如图 9－19 所示的对话框。在弹出的对话框中给所创建的 Shapefile 要素类命名，并选择要素类型，要素类型可以在下拉列表框中选择"折线"。接着单击【编辑】按钮，打开"空间参考属性"对话框，定义 Shapefile 的投影坐标，如果选择了以后定义 Shapefile 的坐标系统，那么直到被定义前，它将被定义为 Unknown。单击【确定】按钮，新创建的 Shapefile 在文件夹中出现。

图 9－19　创建新 Shapefile

（3）在 ArcMap 中添加新创建的 Shapefile 数据，启动编辑器，对该图层进行编辑，并保存，如图 9－20 所示。

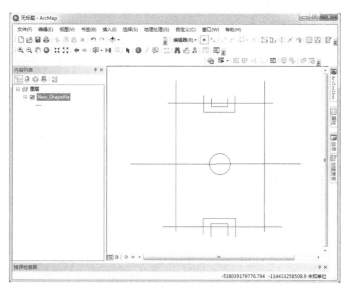

图 9－20　在 ArcMap 中编辑地图

（4）打开 ArcToolbox，单击【转换工具】中的【转为 Coverage】命令，双击【要素类转 Coverage】，在弹出的对话框中选择编辑好的图层，并定义输出文件的路径，将转换后的数据文件命名为"line"。单击【确定】，完成从 Shapefile 到 Coverage 的转换，如图 9－21 所示。

图 9－21　转为 Coverage

（5）利用清理功能建立拓扑关系

①在 ArcCatalog 目录树中，鼠标右键单击需要建立拓扑关系的 Coverage，打开 Coverage 操作快捷菜单，单击【属性】，打开 Coverage"属性"对话框，单击"常规"标签，如图 9－22 所示。

图 9－22　"常规"标签

②在要素类表格中单击需要建立拓扑关系的地理要素类。单击【清理】按钮,打开"清理"对话框,如图9-23所示。根据具体情况,输入"模糊"及"悬挂"容限值。根据需要勾选"仅清除线"复选框。

图9-23 "清理"对话框

③单击【确定】按钮,返回Coverage"属性"对话框。

④单击【确定】按钮,完成Coverage拓扑关系建立,加载构建后的要素"polygon",如图9-24所示。

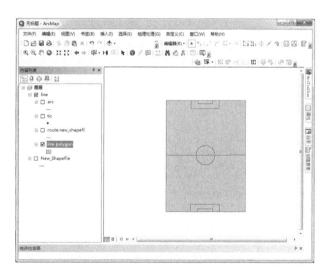

图9-24 利用清理功能建立拓扑

需要利用清理功能建立拓扑关系时,可以提前利用Coverage"属性"对话框中的容限值栏设置Coverage的模糊、悬挂及其他容限值。

(6)利用"构建"建立拓扑关系

①鼠标右键单击需要建立拓扑关系的Coverage,打开Coverage操作快捷菜单,单击【属性】,打开Coverage"属性"对话框,单击"常规"标签。

②单击【构建】按钮,在"构建"对话框中选择创建拓扑后的要素生成类型,这里选择"Poly",如图9-25所示。单击【确定】按钮,返回Coverage"属性"对话框。单击【确定】按钮,完成Coverage拓扑关系建立。

图 9 – 25 加载构建后的要素

（3）加载构建后的要素"polygon"，如图 9 – 26 所示。

对于多边形（polygon）和区域（region）Coverages 来说，如果一个多边形或区域要素仅仅有初步的拓扑关系，一个红色警告指示会出现在 Catalog 中该 Coverage 的按钮上；建立好拓扑关系后，该红色警告指示消失。

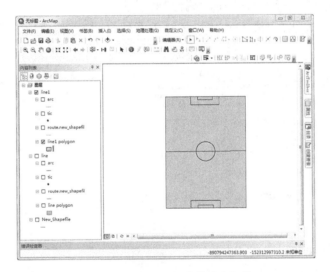

图 9 – 26 利用构建功能建立拓扑

第10章　空间分析建模

空间分析具有对空间信息的提取和传输功能,作为各类综合性地学分析模型的基础,空间分析为建立复杂的模型提供了基本工具。空间分析模型是指用于 GIS 空间分析的数学模型,空间分析建模是指运用 GIS 空间分析建立数学模型的过程,其过程包括:明确问题、分解问题、组建模型、检验模型结果和应用分析结果。

10.1　空间分析模型与建模

10.1.1　空间分析模型及其分类

模型是对现实世界中的实体或现象的抽象或简化,是对实体或现象中最重要的构成及其相互关系的表述。建模的过程中,需要用到各种各样的工具。作为各类综合性地学分析模型的基础,空间分析为人们建立复杂的模型提供了基本工具。空间分析是地理信息系统的主要特征,也是评价一个地理信息系统功能的主要指标之一。它是基于地理对象的位置和形态特征的数据分析技术,其目的在于提取和传输可见信息。空间分析模型是对现实世界科学体系问题域抽象的空间概念模型,与广义的模型既有联系,又有区别:

（1）空间定位是空间分析模型特有的性质,构成空间分析模型的空间目标(点、弧段、网络、面域、复杂地物等)的多样性决定了空间分析模型建立的复杂性;

（2）空间关系也是空间分析模型的一个重要特征,空间层次关系、相邻关系以及空间目标的拓扑关系也决定了空间分析模型建立的特殊性;

（3）包含坐标、高程、属性以及时序特征的空间数据极其庞大,大量的空间数据通常用图形的方式来表示,这样由空间数据构成的空间分析模型也具有了可视化的图形特征。

空间分析模型可以分为以下几类。

1. 空间分布模型

其用于研究地理对象的空间分布特征,主要包括:空间分布参数的描述,如分布密度和均值、分布中心、离散度等;空间分布检验,以确定分布类型;空间聚类分析,反映分布的多中心特征并确定这些中心;趋势面分析,反映现象的空间分布趋势;空间聚合与分解,反映空间对比与趋势。

2. 空间关系模型

其用于研究基于地理对象的位置和属性特征的空间物体之间的关系,包括距离、方向、连通和拓扑等4种空间关系。其中,拓扑关系是研究得较多的关系;距离是内容最丰富的一种关系;连通用于描述基于视线的空间物体之间的通视性;方向反映物体的方位。

3. 空间相关模型

其用于研究物体位置和属性集成下的关系,尤其是物体群(类)之间的关系。在这方面,目前研究得最多的是空间统计学范畴的问题。统计上的空间相关、覆盖分析就是考虑物体类之间相关关系的分析。

4. 预测、评价与决策模型

其用于研究地理对象的动态发展,根据过去和现在推断未来,根据已知推测未知,运用科学知识和手段来估计地理对象的未来发展趋势,并做出判断与评价,形成决策方案,用以指导行动,以获得尽可能好的实践效果。

10.1.2　空间分析建模

空间分析建模是指运用 GIS 空间分析方法建立数学模型的过程。运用数学分析方法建立表达式,反映地理过程,来模拟地理现象的形成过程的模型称为过程模型,也叫处理模型,均是指描述物体或对象之间相互作用的处理过程的模型。过程模型的类型很多,用于解决各种各样的实际问题,如以下 4 种类型。

(1)适宜性建模:农业应用、城市化选址、道路选择等。

(2)水文建模:水的流向。

(3)表面建模:城镇某个地方的污染程度。

(4)距离建模:从出发点到目的地的最佳路径的选择、邮递员的最短路径等。

这类模型的建立过程主要如下,流程图如图 10－1 所示。

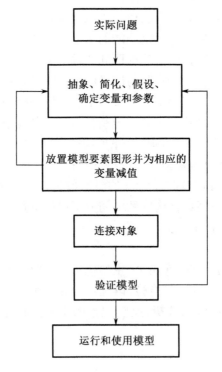

图 10－1　过程模型的建立流程

空间分析建模过程如下。

1. 明确问题

分析的问题的实际背景,弄清建立模型的目的,掌握所分析的对象的各种信息,即明确实际问题的实质所在,不仅要明确所要解决的问题是什么、要达到什么样的目标,还要明确实际问题的具体解决途径和所需要的数据。

2. 分解问题

找出与实际问题有关的因素,通过假设把所研究的问题进行分解、简化,明确模型中需要考虑的因素以及它们在过程中的作用,并准备相关的数据集。

3. 组建模型

运用数学知识和 GIS 空间分析工具来描述问题中的变量间的关系。

4. 检验模型结果

运行所得到的模型、解释模型的结果或把运行结果与实际观测进行对比。如果模型结果的解释与实际状况符合或结果与实际观测基本一致,这表明模型是符合实际问题的。如果模型的结果很难与实际相符或与实际很难一致,则表明模型与实际不相符,不能将它运用到实际问题上。如果图形要素、参数设置没有问题的话,就需要返回到建模前关于问题的分解。检查对于问题的分解、假设是否正确,参数的选择是否合适,是否忽略了必要的参数或保留了不该保留的参数,对假设做出必要的修正,重复前面的建模过程,直到模型的结果令人满意为止。

5. 应用分析结果

在对模型的结果满意的前提下,可以运用模型来得到对结果的分析。

10.2　图 解 建 模

10.2.1　基本概念及类型

1. 基本概念

(1)图解建模

图解建模是指用直观的图形语言将一个具体的过程模型表达出来。在这个模型中,分别定义不同的图形代表输入数据、输出数据、空间处理工具,它们以流程图的形式进行组合并且可以执行空间分析操作功能。当空间处理涉及许多步骤时,建立模型可以让用户创建和管理自己的工作流,明晰其空间处理任务,为复杂的 GIS 任务建立一个固定有序的处理过程。

(2)模型构建器

模型构建器(Model Builder)是 ArcGIS 提供的构造地理处理工作流和脚本的图形化建模工具,可简化复杂地理处理模型的设计和实施。最初的模型构建器出现在 ArcView 3 的空间分析模块中,它同样为地理处理的工作流和脚本提供图形化的建模工具。

在 ArcGIS 中可以通过以下方式启动模型构建器。

①打开 ArcMap,启动"目录"窗口,或打开 ArcCatalog,启动"目录树"窗口。

②展开"工具箱",鼠标右键单击【我的工具箱】,单击【新建】|【工具箱】,生成工具箱,单击新生成的工具箱可改变其名称。

③鼠标右键单击新生成的工具箱,单击【新建】|【模型】,打开"模型"对话框,如图 10 - 2所示。

④也可以在主菜单上单击【地理处理】|【模型构建器】,打开"模型"对话框。模型对话框由菜单条、工具条和图形窗口 3 个部分组成。菜单条包含了【模型】、【编辑】、【插入】、【视图】、【窗口】、【帮助】共 5 个下拉菜单,每个菜单又由一系列相关命令及功能组成。模

型构建器工具面板中包含了 19 个常用的图形编辑工具图标。

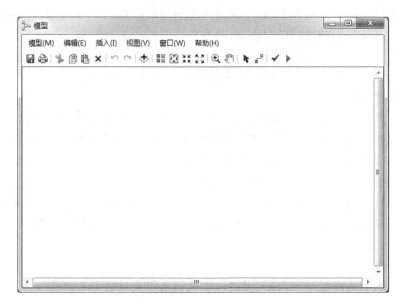

图 10 - 2 "模型"对话框

（3）模型的基本组成

图解模型主要由三部分组成：输入数据、输出数据和空间处理工具。输入数据和输出数据的类型多种多样，可以是数据库中的要素类、表、栅格数据集、Shapefile、Coverage 等，不同空间处理工具要求的数据不同，不同的应用目的也会得到不同类型的输出数据。空间处理工具包括 ArcToolbox 中所有的工具集，也可以是模型（Models）、由脚本（Scripts）定制的工具或者其他工具箱（Toolbox）中的工具。只有将以上模型要素有机地连接起来，才能组成一个完整的图形模型。因此，连接也是模型中一个不可或缺的要素。连接指定了数据与操作间的关系，因此符合条件的要素才能被连接。

虽然输入、输出数据在图解模型中图形相同，但其类型却根据不同的应用目的而变化。对于空间处理工具也是同样的道理，图形相同，但是图形所代表的操作与应用也与目的一致。

2. 图形模型的基本类型

一个模型由一个或多个过程组成。每个过程都有一个共同的基本结构：输入→函数→输出，不同模型所包含的输入、函数、输出的数量可以发生变化，但整体的结构保持不变。同时，在模型运行前，所有的组成部分必须彼此连接。

（1）按其包含过程的数量可意分为单过程模型和多过程模型，如图 10 - 3 所示。其中，图 10 - 3（a）中的单过程模型只有一个过程，图 10 - 3（b）中则包括多个过程，且第一个过程所产生的输出数据作为第二个过程中的输入数据，在实际运用中多过程模型包括的过程会更多、更复杂。

（2）按照模型中过程的种类可以分为单一处理工具模型和复杂处理工具模型，如图 10 -4 所示。图 10 - 4（a）中单一处理工具模型所用工具仅为空间分析工具一种，图 10 -4（b）中复杂处理工具模型所用模型则为空间分析工具和转换工具两种，在实际运用中复杂模型所用的工具会更加多样化。

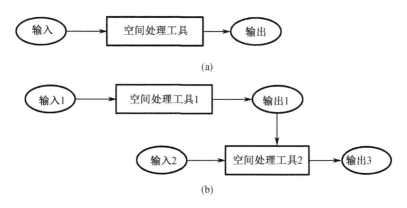

(a)

(b)

图 10 – 3 单过程模型和多过程模型

(a)单过程模型;(b)多过程模型

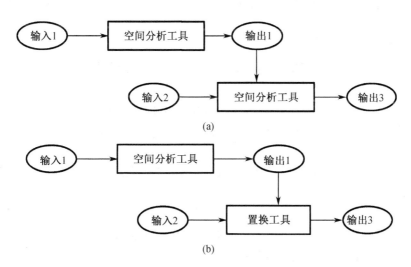

(a)

(b)

图 10 – 4 单一处理工具模型和复杂处理工具模型

(a)单一处理工具模型;(b)复杂处理工具模型

10.2.2 图解模型的形成过程

模型的形成过程实际上就是解决问题的过程,不论是简单的或复杂的模型,都需要经过以下几个步骤,如图 10 – 5 所示,同时还可以有为模型添加注释、转换模型为脚本等。

1. 添加输入数据

有两种方法可向模型界面添加数据。

方法一:在 ArcMap 或 ArcCatalog 中打开数据,直接把数据拖拽至图解模型界面即可。

方法二:(1)在模型构建器中单击鼠标右键,单击【创建变量】,在变量列表中选择所要的数据类型,此时的图形并无颜色填充,因为此变量还未赋值;

(2)双击新建的变量,选择所要添加的输入数据,或直接输入数据的值,根据数据的类型不同,选择不同的操作,由于变量

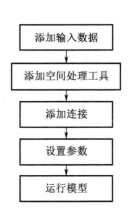

**图 10 – 5 图解模型
形成的流程图**

已赋值,此时的图形便有颜色填充。

2. 添加空间处理工具

添加空间处理工具相对简单,只要将所需的添加的工具拖拽至图解模型界面即可。但是,处理的工具是多种多样的,可以是 ArcToolbox 中任何工具、脚本、模型。由于空间处理工具的功能决定了输出数据的类型,因此,输出数据也就随着空间处理工具的添加而产生。

3. 添加连接

只有将一个个的空间模型要素有机地连接起来,才能组成一个完整的图形模型。不过对象间的连接是有前提的,如果不符合连接的条件,两个图形则无法连接。添加连接后,模型要素便由原来的无颜色填充变为有颜色填充。

添加连接有两种方法。

方法一:单击模型构建器界面工具面板的【连接】按钮 连接目标图形。

方法二:双击空间处理工具,在对话框中选择所要处理的数据,单击【确定】按钮,即为数据和工具添加了连接。

4. 保存模型

在模型构建器的菜单条中单击【模型】下的【保存】,保存模型当前的状态。

5. 添加注释

为了更好地了解模型的结构和功能,更彻底地理解模型和处理过程,同时也为了更好地组织项目,明确多过程之间的关系,可以给输入、输出、空间处理工具添加注释,还可以对连接添加注释。

操作:选择所要添加注释的图形要素,鼠标右键单击【创建标注】,双击"标注"矩形框输入注释。

6. 设置参数

若为模型设置了参数,在运行模型的时候就会出现参数输入对话框,可直接输入数据、常数或输出文件的路径。设置参数有两种方法。

方法一:鼠标右键单击要设置为参数的图形要素,单击【模型参数】,所设置的要素右上角便出现一个"P"表示设置成功,如图 10 - 6 所示,图中 DEM 和 SOA of DEM 设为模型参数。

方法二:在【我的工具箱】下打开模型所在的工具箱,鼠标右键单击【模型】 按钮,选择"属性",选中"参数"标签,单击 按钮,增加要设置为参数的要素,如图 10 - 7 所示,选择"输入栅格"和"输出栅格"为参数,单击【确定】按钮,它们被添加到列表中,单击【确定】按钮,完成设置。

7. 运行模型

模型建好后,必须要运行以检查结果是否令人满意。有两种方法可以运行图形模型。

方法一:在工具条上单击 ▶ 运行模型。(需要添加完整输入输出。)

方法二:在菜单条中单击【模型】下的【运行】,模型被启动运行。

模型运行后,模型运行状态条可以显示出模型是否成功地被执行。

8. 转换程序模型

建立好的模型可以转换为 Python 脚本使用。在模型构建器主菜单中单击【模型】|【导出】|【至 Python 脚本】,保存为 Python 即可。

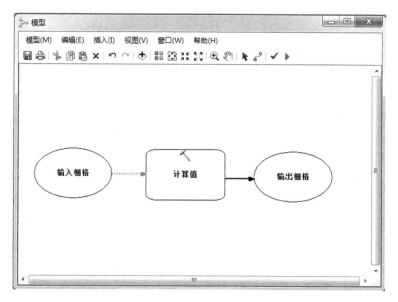

图 10 - 6　设置参数方法一

图 10 - 7　设置参数方法二

10.3 脚 本 文 件

10.3.1 Python 脚本简介

在 GIS 建模或 GIS 数据管理中,可能经常需要处理经过一系列步骤才可以完成的工作;可能有一个工作目录下的数据需要重投影、裁剪到研究区域,或者用某种方法组合成期望的结果;也经常需要根据不同情形用不同方法处理数据。因此,需要高质量的决策也需要低水平的决策,这可以通过脚本程序模型辅助完成。

地理处理(Geoprocessing)中常常涉及很多的数据集和记录,其过程的重复性很强,有必要进行自动化的处理。任何可以支持 COM 的脚本语言都可以执行 ArcGIS 9 的地理处理工具,如 Python、Jscript 和 VBScript 等。这些脚本语言都是公开的,而且非常易学易用。脚本可以通过一个工具或多个工具实现一个简单或者复杂的处理,也可以通过循环操作对输入数据进行批处理。因为数据不是特定的,所以脚本可以重用。脚本的高效性还体现在可以独立于桌面程序执行。

熟悉 ArcInfo Workstation 的 AML 用户转而使用一种新的脚本语言是非常容易的。在 ArcGIS 中 AML 不仅可以执行 Arc 命令,而且任何 AML 程序都可以作为脚本添加到 ArcToolbox 中。对不熟悉脚本语言的用户,模型构建器是构建脚本的方便工具,只要先构建一个模型再输出成脚本即可。但是模型不可以独立于 ArcToolbox 运行,脚本却可以脱离 ArcGIS 的环境独立运行。而这个脚本可以是任何支持 COM 的脚本语言。

Python 是一种不受局限、跨平台的开源编程语言,它功能强大且简单易学。因而得到了广泛应用和支持。

10.3.2 Python 脚本编写基础

近年来 Python 社区发展迅速,一些大型的应用也采用 Python 开发,Python 的技术已相对成熟,ArcGIS 对于 Python 的支持也得到了提升,如在 Python 的启动上,用户可以从 ArcGIS 的主界面菜单启动 Python 建模工具,也可以通过 ArcGIS 的界面建模工具生成 Python 脚本。对于简单、单步的 ArcGIS 功能调用,可以在菜单启动的 Python 窗口中输入相应的命令行以及对应的参数。用户可以将简单的命令行组合起来,形成新的命令,进而可以从命令行启动相对较为复杂的 GIS 应用,这需要对 ArcGIS 的各种功能对应的命令有相当的了解后才能顺利进行。对于复杂的模型和新用户而言,推荐用户先使用图解建模工具生成相应的模型及对应的模型及对应的参数,然后将生成的模型及参数发布成 Python 命令,只需要对相应的参数、流程控制等少量修改即可生成新的 ArcGIS 应用模型。

ArcGIS 中工具大部分功能集中在 ArcPy 库中,该库涵盖了几乎 ArcGIS 所有的界面程序对应的脚本程序,用户只要通过 import 语句调入该程序包,即可通过 Python 语言的语法访问 ArcPy 包中的所有功能。使用时需要用户自行调入该包,调入该包的命令为 import arcpy。

用户通过传入传出参数即可通过命令行或脚本的方式运行 ArcGIS 的功能,在 ArcGIS 中的每一个工具箱的帮助文档中,都包含是如何通过 Python 脚本调用该程序包的脚本帮助文档和对应的示例语句。

10.3.3　利用 Python 创建脚本文件

1. 单数据处理

所谓单数据处理,是指处理过程中只涉及单个数据集的处理,数据可以是 Geodatabase 中的要素类、栅格数据集、ArcView 的 Shapefile、Coverage 等。在土地利用中,坡度是很重要的信息,特别是对一些坡度的分类具有很重要的意义。以从 DEM 中自动提取坡度大于 15 度的栅格为例,练习单数据的脚本处理。

(1)编写脚本

新建一个文本文档,改文件名和类型为"slope. py",文本内容如下。

建立处理对象

```
#导入 arcpy 模块
import arcpy
# Check out any necessary licenses
arcpy. CheckOutExtension("spatial")
# Script arguments
InPutData = arcpy. GetParameterAsText(0)
OutPutData = arcpy. GetParameterAsText(1)
if OutPutData = ='#'or not OutPutData:
        OutPutData = "C:\\Users\\YanGGIS\\Documents\\ArcGIS\\Default. gdb\\
LessTha_ Slop1"# 此处加载的模型因安装 ESRI 系统的磁盘位置不同而不同
# Local variables:定义变量
InputDataOrConst = "15"
OutSlope = "E:\\ArcGIS TestData\\Chp12\\tutor2\\result\\Slope_50"
# Process:计算坡度
arcpy. gp. Slope_sa(InPutData,OutSlope,"DEGREE","1")
# Process:坡度小于 15 度
arcpy. gp. LessThan_sa(OutSlope,InputDataOrConst,OutPutData)
```

(2)添加脚本

①鼠标右键单击【我的工具箱】,单击【新建工具箱】,生成【工具箱】。

②鼠标右键单击【工具箱】,在【添加】中选择【脚本】,生成脚本。

(3)设置脚本属性

①鼠标右键单击【脚本】,单击【属性】,输入名字、标签、描述、风格,单击【下一步】按钮。

②浏览到所要选择运行的脚本,单击【下一步】按钮。

③设置属性。在提取坡度小于 15°的栅格这个例子中需要输入一个栅格文件,输出一个栅格文件。

④运行脚本。设置属性后,双击【脚本】按钮 🛠,在文本框中设置路径后,单击【确定】按钮,出现结果运行状态栏,显示脚本是否成功被执行。

2. 批处理

所谓批处理就是成批处理文件,是一次操作多个同样格式数据的过程。脚本提供了一种便捷的方式用于批处理、数据转换以及任何空间处理工具的使用。此外,图解模型也可以被存储成脚本,可用于构建定制的工具。因此,要进行批处理,只要在脚本中加入循环语句即可。

10.4　图解与脚本混合建模

10.4.1　简介

对于一般用户而言,采用脚本编程的方式要求编程者具有一定的程序设计的能力,这给脚本的应用带来一定的阻碍,为此 ArcGIS 提供图形和程序的混合编程,为一般的通用用户提供了较好的解决方案。

图形界面建模中的每一个图标代表一段对应的代码,其中的椭圆框表示数据,方形框表示对应的处理,图形框之间的箭头代表数据的流向。对应于每一种图形框和对应的操作,都有一段对应的脚本代码,ArcGIS 提供将图解建模的模型输出为脚本文件的功能,用户通过修改脚本文件的输入输出建立各种应用逻辑单元即可扩展图解建模应用。

10.4.2　模型的形成过程

1. 变量定义

任何一个变量可以通过两种方式加入图解界面中。

(1)在图解界面上单击鼠标右键,在出现的菜单中单击【创建变量】。

从变量类型列表中选择需要建立的变量的类型,确定后图解界面中即出现一个椭圆形的变量框,此时的变量框没有对应磁盘文件(即没有赋值),是个空心的椭圆。

此时对应的代码如下。

```
Import arcpy
#创建的局部变量:
Raster_Band = " "
```

用户可以在图解框中双击椭圆变量,在出现的对话框中为其选择对应的文件(赋值操作),赋值后的椭圆变成蓝色。

此时对应的 Python 代码为如下。

```
Raster_Band = "对应的磁盘文件名"
```

(2)可以将文件从已经打开的 ArcGIS 软件中拖动到图解框中,直接得到对应的变量,并被赋值。

2. 处理过程定义

ArcGIS 中把过程的图解符号定义为一个方框,处理过程包括输入和输出两种参数。一个处理过程可能包括一个或是多个输入。处理过程和输入输出之间用箭头连接。如对栅格数据重采样的处理过程:

```
arcpy. Resample_management (Input_Raster_Dataset, Output_Raster_Dataset, "1", Method)
```

输入参数"Input_Raster_Dataset"可以对应于磁盘的一个栅格数据文件,或是其他处理过程生成的中间结果。"Output_Raster_Dataset"对应于输出的一个磁盘文件。另外两个参数是重采样的参数设置。从 ArcMap 的 Toolbox 中选中对应的工具,直接拖到图解框中就可以把该处理过程加入图解框中。双击处理过程的方框即可设置对应的参数。

10.4.3　图解与脚本混合建模

通过以上方法,可以快速构建基于图解界面的 GIS 模型。在图解界面的文件菜单下,可以将图解界面的模型输出为脚本文件,新版的 ArcMap 强化了脚本的功能,特别是强化了与脚本语言 Python 的兼容。

Python 是一种非常容易使用的语言,对于代码的缩进要求非常高,各个逻辑嵌套的单元之间必须有一定的缩进,不然这些逻辑单元就被视作是并行的关系,而非嵌套关系。具体关于 Python 的用法可参考 Python 的使用手册或是 Python 社区的相关语法介绍。

参 考 文 献

[1] 汤国安,赵牡丹,杨昕,等. 地理信息系统[M]. 2版. 北京:科学出版社,2017.

[2] 李建松,唐雪华. 地理信息系统原理[M]. 2版. 武汉:武汉大学出版社, 2015.

[3] 邬伦,刘瑜,张晶,等. 地理信息系统:原理、方法和应用[M]. 北京:科学出版社,2012.

[4] 汤国安,杨昕. ArcGIS 地理信息系统空间分析实验教程[M]. 2版. 北京:科学出版社, 2017.

[5] 牟乃夏. ArcGIS10 地理信息系统教程:从初学到精通[M]. 北京:测绘出版社,2012.

[6] 普赖斯. ArcGIS 地理信息系统教程(原书第7版)[M]. 李玉龙,译. 北京:电子工业出版社, 2017.

[7] 毕天平. ArcGIS 地理信息系统实验教程[M]. 北京:中国电力出版社,2017.

[8] 薛在军. ArcGIS 地理信息系统大全[M]. 北京:清华大学出版社, 2013.

[9] 王新生. ArcGIS 软件操作与应用[M]. 北京:科学出版社,2010.

[10] 田庆,陈美阳,田慧云. ArcGIS 地理信息系统详解(10.1版)从基础操作到案例应用的完美结合[M]. 北京:北京希望电子出版社, 2014.

[11] 石若明,朱凌,何曼修. ArcGIS Desktop 地理信息系统应用教程[M]. 北京:人民邮电出版社, 2015.